Vieweg Programmbibliothek
Mikrocomputer 16

Geodätische Berechnungsmethoden (Standard-BASIC)

Vieweg Programmbibliothek Mikrocomputer

Herausgegeben von Harald Schumny

Band 1
Graphik-Programme für TRS-80 und HP 9830

Band 2
Iterationen, Näherungsverfahren, Sortiermethoden
BASIC-Programme für CMB 3032, HP 9830, TRS-80, Olivetti 6060

Band 3
BASIC und Pascal im Vergleich

Band 4
BASIC-Anwenderprogramme

Band 5
BASIC-Programme für den PC-1211/1212

Band 6
Programme für den Einplatinen-computer TM 990/189

Band 7
PC-1500-Sammlung I

Band 8
Programme für den PC-1251

Band 9
PC-1500-Sammlung II

Band 10
PC-1500-Sammlung III

Band 11
Anwenderprogramme zum ZX-81 und ZX-Spectrum

Band 12
17 Spiele für den PC-1500 A

Band 13
Ausgewählte BASIC-Computerspiele (Atari 800)

Band 14
Lineares Optimieren
11 HP-41-Programme

Band 15
Dienstprogramme (Tool-Kit) für den HP-41

Band 16
Geodätische Berechnungsmethoden (Standard-BASIC)

Band 17
Gelenk-Getriebe für die Handhabungs- und Robotertechnik

Band 18
Probleme der Festigkeitslehre
23 Programme für den HP-41

Band 19
PC-1500-Sammlung IV

Vieweg Programmbibliothek
Mikrocomputer Band 16

Harald Schumny (Hrsg.)

Geodätische Berechnungsmethoden (Standard-BASIC)

Dreiecke, Schnitte, Lagepunktbestimmung, Polygonzüge, Transformationen, Flächen, Freie Stationierung, Punktplott-Routine

26 BASIC-Programme von Günther Stegner

Springer Fachmedien Wiesbaden GmbH

Der Autor des Bandes

Dipl.-Ing. *Günther Stegner*
Im Dorfe 38a
3301 Walle-Schwülper

Das in diesem Buch enthaltene Programm-Material ist mit keiner Verpflichtung oder Garantie irgendeiner Art verbunden. Der Autor übernimmt infolgedessen keine Verantwortung und wird keine daraus folgende oder sonstige Haftung übernehmen, die auf irgendeine Art aus der Benutzung dieses Programm-Materials oder Teilen davon entsteht.

1984

Ursprünglich erschienen bei Friedr. Vieweg & Sohn Verlagsgesellschaft mbH, Braunschweig 1984

Umschlaggestaltung: Peter Lenz, Wiesbaden

ISBN 978-3-528-04334-6 ISBN 978-3-663-06859-4 (eBook)
DOI 10.1007/978-3-663-06859-4

Der Autor des Bandes

Dipl.-Ing. *Günther Stegner*
Im Dorfe 38a
3301 Walle-Schwülper

Das in diesem Buch enthaltene Programm-Material ist mit keiner Verpflichtung oder Garantie irgendeiner Art verbunden. Der Autor übernimmt infolgedessen keine Verantwortung und wird keine daraus folgende oder sonstige Haftung übernehmen, die auf irgendeine Art aus der Benutzung dieses Programm-Materials oder Teilen davon entsteht.

1984

Umschlaggestaltung: Peter Lenz, Wiesbaden

ISBN 978-3-528-04334-6 ISBN 978-3-663-06859-4 (eBook)
DOI 10.1007/978-3-663-06859-4

Inhaltsverzeichnis

Transformationen

Flächenberechnungen

Freie Stationierung

Vorwort

Die Geodäsie ist von jeher eine Fachrichtung, in der die Lösung der Aufgaben auf mathematischen Grundlagen beruht. So scheint es auch nicht verwunderlich, daß seit der frühesten Entwicklung von Taschenrechnern und Mikrocomputern Vermessungsingenieure diese Hilfsmittel zur Lösung ihrer Aufgaben verwendet haben.

Die Entwicklung geodätischer Rechenpraxis kann seit etwa 1970, abgesehen von der Anwendung von Großrechenanlagen, in zwei Entwicklungsphasen eingeteilt werden:

1971 erscheint mit dem HP-35 der erste leistungsfähige technisch-wissenschaftliche Taschenrechner auf dem Markt, dem 1974 als erster programmierbare Taschenrechner der HP-65 folgt.

Die erste Phase der Entwicklung führte von Berechnungen mit mechanischer Rechenmaschine und Funktionstafeln über den Taschenrechner zum programmierbaren Taschenrechner bzw. Tischrechner mit externer Programmspeicherung (wie z. B. HP 9100, HP-65). Die Arbeitsweise, manuelle Dateneingabe, Abarbeitung der Rechenformeln nach bekannten Verfahren und Aufschrieb bzw. Ausdruck der Berechnungsergebnisse im Registrierkassenformat, hat sich in der ersten Entwicklungsphase nicht verändert.

Lediglich mußten Kenntnisse in dem maschinenspezifischen Programmiercode erworben werden. Der Rechenaufwand mußte weiterhin gering gehalten werden, und der Gebrauch von Näherungslösungen und Formeln war sinnvoll.

Die Entwicklung der Mini- und Mikrocomputer brachte Datenverarbeitung an den Arbeitsplatz des Benutzers. Die parallel laufende Entwicklung geodätischer Instrumente verlangte nach Modifikation der bisherigen Arbeitsweisen und Verfahren. Diese zweite Entwicklungsphase erfordert von den Bearbeitern umfangreiche Datenverarbeitungskenntnisse. Neben der Beherrschung höherer Programmiersprachen sind auch Kenntnisse in Methoden und Techniken von Entwurf, Implementierung und Dokumentation umfangreicher Programmsysteme notwendig.

War in den ersten Jahren der Entwicklung von Mikrocomputern der relativ hohe Preis noch eine Schwelle für eine umfangreiche Anwendung in der Vermessungspraxis, so sind heute eine große Anzahl von Mikrocomputern mit relativ großem Speicherplatz und zu günstigen Preisen auf dem Markt, so daß der Benutzerkreis schnell wächst. Diese Entwicklung wird durch die Vorstellung der Hand-Held-Computer, mit denen sich auch komplizierte Berechnungen netzunabhängig vor Ort ausführen lassen, noch verstärkt. Der in einer höheren Sprache programmierbare und mit externer Speichermöglichkeit für Programme und Daten ausgestattete Hand-Held-Computer wird in der Zukunft für den Vermessungs- und Bauingenieur das sein, was der Taschenrechner seit seiner Einführung im Jahre 1971 war, ein Hilfsmittel zur Lösung geodätischer Berechnungen. Darüber hinaus ist er ein Bindeglied in der Kette des automatischen Datenflusses zum Mini- oder Mikrocomputer im Büro.

Aus diesem Anlaß entstand der Band unter dem Aspekt, Programme dem Praktiker aus dem Vermessungs- und Bauwesen und dem Studierenden an Hoch- und Fachschulen aus den Fachrichtungen Vermessungs- und Bauingenieurwesen und Architektur als ein Hilfsmittel zur praxisgerechten Lösung geodätischer Berechnungen auf Mikrocomputern in die Hand zu geben. Durch eine ausführliche Formelbereitstellung und Skizzierung der Aufgaben mit den in der Praxis erprobten Programmen ist der Band im weitesten Sinne auch als geodätische Formelsammlung und zum Selbststudium in der Programmiersprache BASIC geeignet.

Einführung und Hinweise zu den Programmen

Der vorliegende Band enthält 26 Programme aus dem Bereich der Ingenieurgeodäsie, wobei besonders die Bestimmung von Lagepunkten im Vordergrund steht. Um eine größere Überschaubarkeit der Aufgaben zu erreichen, wird außer bei dem Programm 24, Freie Stationierung, die Eingabe von Horizontalstrecken und reduzierten Richtungen erwartet. Es ist also vorbereitend zu überprüfen, ob an den Meßwerten noch Korrektionen und Reduktionen anzubringen sind. Hier wird insbesondere auf den Band Vermessungskunde II von *Großmann* und *Kahmen* verwiesen [1].

Zu jedem Programm existiert eine Skizze, eine kurze Formelzusammenstellung und eine Beschreibung der Eingabedaten, die das Arbeiten mit den einzelnen Programmen erleichtern sollen. Mit allen Programmen ist mindestens ein vollständig durchgerechnetes Beispiel angegeben.

Der Kreisteilungsmodus von 360 Grad und 400 Gon kann jeweils durch den Steuerparameter 1 oder 2 in den Programmen zur geodätischen Punktbestimmung und Polygonzugberechnung gewählt werden.

Am Ende der Programmsammlung ist mit dem Programm 26 die graphische Darstellung der koordinatenmäßig bestimmten Lagepunkte in Form eines Punkt-Plotts auf einem Zeilendrucker möglich.

Die Programme sind in Standard-BASIC geschrieben, wobei jedoch auf wenige maschineneigene Befehle, wie OPTION ANGLE DEGREES und GRAD für die Definition des Winkelmodus oder das Trennzeichen @ für mehrere Programmanweisungen, nicht verzichtet werden konnte. Die Daten der Programmbeispiele sind bis auf das Programm 25, das nur INPUT-Anweisungen benutzt, in Form von DATA-Werten angegeben. Werden die READ-Anweisungen durch INPUT-Anweisungen ersetzt, so können die Daten in das laufende Programm eingegeben werden. Die Ausgabe der Beispiele ist formatiert und erfolgte über einen Zeilendrucker.

Walle-Schwülper, Mai 1984

Günther Stegner

1 Berechnung fehlender Dreieckselemente aus Seiten und Winkeln

Das Programm "Dreiecksberechnung" berechnet die fehlenden Dreieckselemente A_i, S_i und H_i aus gegebenen Winkeln und Seiten. Die möglichen Kombinationen der gegebenen Winkel und Seiten ist aus untenstehender Tabelle 1 ersichtlich.

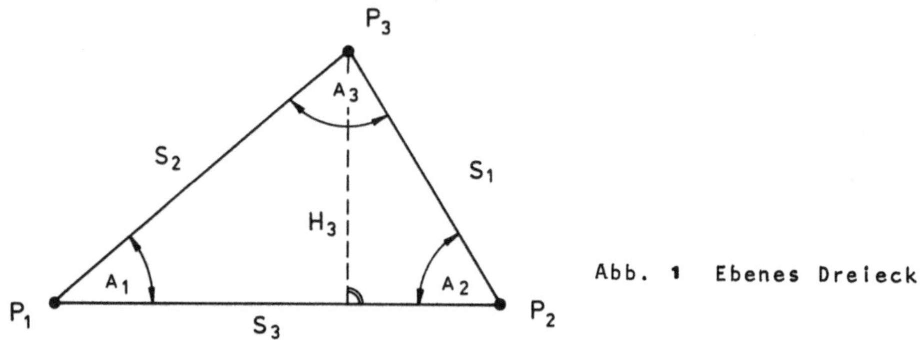

Abb. 1 Ebenes Dreieck

Tabelle 1 Kombination der gegebenen Winkel und Seiten

	Winkel			Seiten			
Sinussatz	A_1	A_2				S_3	WSW
		A_2	A_3	S_1			
	A_1		A_3		S_2		
	A_1		A_3			S_3	WWS
	A_1	A_2		S_1			
		A_2	A_3		S_2		
	A_1			S_1	S_2		SSW
		A_2			S_2	S_3	
			A_3	S_1		S_3	
Cosinussatz	A_1				S_2	S_3	SWS
		A_2		S_1		S_3	
			A_3	S_1	S_2		
				S_1	S_2	S_3	SSS

Formelzusammenstellung

Sinussatz : $S_1 : S_2 : S_3 = \sin(A_1) : \sin(A_2) : \sin(A_3)$ (1)

1. für WSW gegeben gilt :

$$A_3 = 200 - A_1 - A_2 \quad (2)$$

$$S_1 = \frac{S_3}{\sin(A_3)} \sin(A_1) \quad , \quad S_2 = \frac{S_3}{\sin(A_3)} \sin(A_2) \quad (3)\ (3a)$$

2. für WWS gegeben gilt :

$$A_2 = 200 - A_1 - A_3 \quad (4)$$

S_1 und S_2 wie unter (3), (3a)

3. für SSW gegeben gilt :

$$\sin(A_2) = \frac{S_1}{S_2} \sin(A_1) \quad (5)$$

$$A_3 = 200 - A_1 - A_2 \quad (6)$$

$$S_3 = \frac{S_1}{\sin(A_1)} \sin(A_3) \quad (7)$$

Cosinussatz : $S_1^2 = S_2^2 + S_3^2 - 2\,S_2 \,.\, S_3 \,.\cos(A_1)$ (8)

4. für SWS gegeben gilt :

$$S_3 = \sqrt{(S_1+S_2)^2 - 2S_1 \,.\, S_2 \,.\, (1 + \cos(A_3))} \quad (9)$$

$$\cos(A_1) = \frac{S_2^2 + S_3^2 - S_1^2}{2S_2 \,.\, S_3} \qquad A_2 = 200 - A_1 - A_3 \quad (10)$$

5. für SSS gegeben gilt :

$$\cos(A_1) = \frac{S_2^2 + S_3^2 - S_1^2}{2S_2 \cdot S_3} \qquad (11)$$

$$\cos(A_2) = \frac{S_3 - S_2 \cdot \cos(A_1)}{S_1} \qquad (12)$$

$$A_3 = 200 - A_1 - A_2 \qquad (13)$$

6. für die Berechnung der Höhe folgt :

$$p = \frac{S_3^2 + S_2^2 - S_1^2}{2S_3} \qquad (14)$$

$$H_3 = \sqrt{S_2^2 - p^2} \qquad (15)$$

Durch zyklische Vertauschung der Indizes erhält man formelmäßig die restlichen, möglichen Kombinationen von Winkeln und Strecken.

Dateneingabe

Gegeben sind die aus der Tabelle 1 ersichtlichen Kombinationen von Winkeln und Strecken.

Bei der Dateneingabe werden keine Steuergrößen für die Berechnung nach dem Sinus- oder Cosinussatz benötigt, lediglich sind die zu berechnenden Elemente im Datensatz mit einer Null zu besetzen.

Eingabe Datenstruktur 1

A_1	A_2	0	
0	0	S_3	Beispiel WSW
0	0	0	
S_1	S_2	S_3	Beispiel SSS

Programmausdruck:

```
100 REM Berechnung fehlender Dreieckselemente
110 REM              K.....K3 Indexsteuerung
120 REM              N1...... Anzahlt der Datensaetze
130 REM              C....... Konstante Gon <=> Grad
140 REM              S1...... Test --> grobe Eingabefehler
150 DIM A(3),S(3),H(3)
160 OPTION ANGLE DEGREES
170 C=9/10
180 INPUT "Anzahl der Datensaetze : ";N1
190 FOR J=1 TO N1
200 A1,K,K1,K2,K3,S1,Z=0
210 F1=1 @ H(1),H(2),H(3)=0
220 READ A(1),A(2),A(3)
230 READ S(1),S(2),S(3)
240 W$="WSW"
250 FOR I=1 TO 3
260 A(I)=A(I)*C
270 IF A(I)#0 THEN 300
280 Z=Z+1 @ K1=I
290 GOTO 310
300 K3=I
310 A1=A1+A(I)
320 IF S(I)#0 THEN K2=I
330 IF A(I)#0 AND S(I)#0 THEN W$="WWS"
340 NEXT I
350 ON Z GOTO 370,460,680
360 REM ----------WSW oder WWS --------
370 A(K1)=180-A1 @ K1=K2
380 FOR I=1 TO 3
390 IF S(I)#0 THEN 410
400 S(I)=S(K1)/SIN(A(K1))*SIN(A(I))
410 NEXT I
420 GOSUB 780
430 GOTO 860
440 REM ------------ SSW ------------
450 F1=0
460 IF A(K3)#0 AND S(K3)=0 THEN 560
470 IF K2=K3 THEN K2=1
480 A=S(K2)/S(K3)*SIN(A(K3))
490 IF A>=1 OR A<=0 THEN 860
500 A(K2)=ASIN(A)
510 A(K1)=180-(A(K3)+A(K2))
520 S(K1)=S(K3)*SIN(A(K1))/SIN(A(K3))
530 F1=1 @ W$="SSW"
540 GOSUB 780
550 GOTO 860
560 REM ------------- SWS ------------
570 IF K3#1 THEN K1=1
580 S1=(S(K1)+S(K2))^2
590 S2=2*S(K1)*S(K2)*(1+COS(A(K3)))
600 S(K3)=SQR(S1-S2)
610 K=K3+1 @ IF K=4 THEN K=1
620 A(K)=ACOS((S(K2)^2+S(K3)^2-S(K1)^2)/(2*S(K2)*S(K3)))
630 K=K+1 @ IF K=4 THEN K=1
640 A(K)=180-A(K3)-A(K1) @ W$="SWS"
650 GOSUB 780
```

```
660 GOTO 860
670 REM ------------- SSS -------------
680 S1=(S(1)+S(2)+S(3))/2 @ F1=0
690 FOR I=1 TO 3
700 IF S1-S(I)<=0 THEN 860
710 NEXT I
720 A(1)=ACOS((S(2)^2+S(3)^2-S(1)^2)/(2*S(2)*S(3)))
730 A(2)=ACOS((S(3)-S(2)*COS(A(1)))/S(1))
740 A(3)=180-A(1)-A(2) @ W$="SSS"
750 F1=1
760 GOSUB 780
770 GOTO 860
780 REM ----------- Hoehe ------------
790 K1=1 @ K2=2 @ K3=3
800 FOR I=1 TO 3
810 P=(S(K1)^2+S(K3)^2-S(K2)^2)/(2*S(K1))
820 H(I)=SQR(S(K3)^2-P^2)
830 K=K3 @ K3=K2 @ K2=K1 @ K1=K
840 NEXT I
850 RETURN
860 GOSUB 890
870 NEXT J
880 GOTO 1060
890 REM ---------- Ausdruck ----------
900 PRINT USING 910 ; "Berechnung fehlender Dreieckselemente
 aus",W$
910 IMAGE 15x,46a,x,3a
920 PRINT USING 930
930 IMAGE 15x,50("-")
940 IF F1=1 THEN 960
950 PRINT "               Eingabe-Datensatz ";J;" falsch !"
960 PRINT
970 PRINT USING 980 ; "             Winkel         Seite
Hoehe"
980 IMAGE 19x,50a,/
990 FOR I=1 TO 3
1000 A(I)=A(I)/C
1010 PRINT USING 1020 ; I,A(I),S(I),H(I)
1020 IMAGE 17x,5d,5x,5d.4d,3x,5d.3d,3x,5d.3d
1030 NEXT I
1040 PRINT @ PRINT
1050 RETURN
1060 END
1070 REM ---------- Datensaetze -------
1071 !                          WSW
1080 DATA 27.2235,90.7655,0
1090 DATA 0,0,25.1
1091 !                          WWS
1100 DATA 23.1234,0,84.013
1110 DATA 0,0,23
1111 !                          SSW
1120 DATA 25.1234,0,0
1130 DATA 9.297965,24.10535,0
1131 !                          SWS
1140 DATA 0,0,126.2815
1150 DATA 72.72,96.15,0
1151 !                          SSS
1160 DATA 0,0,0
1170 DATA 273.45,167.17,213.58
```

Berechnungsbeispiel:

```
Berechnung fehlender Dreieckselemente aus       WSW
---------------------------------------------------

              Winkel        Seite        Hoehe

     1        27.2235       10.839       24.836
     2        90.7655       25.862       10.725
     3        82.0110       25.100       10.409

Berechnung fehlender Dreieckselemente aus       WWS
---------------------------------------------------

              Winkel        Seite        Hoehe

     1        23.1234        8.436       22.856
     2        92.8636       23.596        8.383
     3        84.0130       23.000        8.172

Berechnung fehlender Dreieckselemente aus       SSW
---------------------------------------------------

              Winkel        Seite        Hoehe

     1        25.1234        9.298       22.926
     2        94.8764       24.105        9.268
     3        80.0002       23.000        8.843

Berechnung fehlender Dreieckselemente aus       SWS
---------------------------------------------------

              Winkel        Seite        Hoehe

     1        31.1008       72.720       88.072
     2        42.6177       96.150       45.126
     3       126.2815      141.928       66.611

Berechnung fehlender Dreieckselemente aus       SSS
---------------------------------------------------

              Winkel        Seite        Hoehe

     1       101.0812      273.450      130.550
     2        41.8665      167.170      167.146
     3        57.0523      213.580      213.549
```

2 Höhe und Höhenfußpunkt

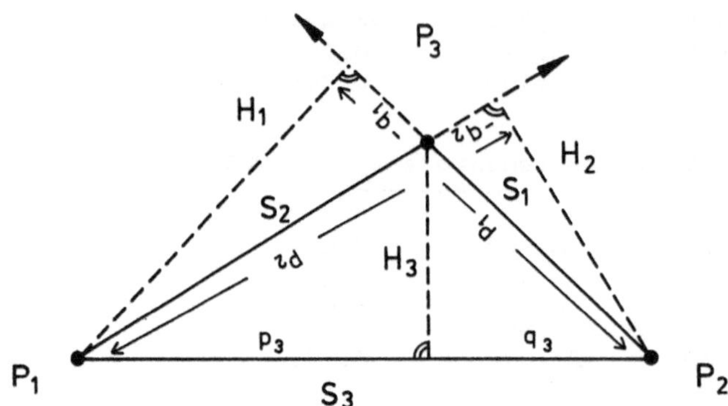

Abb. 2 Höhe und Höhenfußpunkt

Gegeben: Die 3 Seiten eines beliebigen Dreiecks

Gesucht: Höhe und Höhenfußpunkt

Eingabe: Anzahl der Datensätze N1

Eingabe Datenstruktur 2

S_1	S_2	S_3	Datensatz
			1
⋮	⋮	⋮	2
			N1

Formelzusammenstellung

$$p_3 = \frac{s_3^2 + s_2^2 - s_1^2}{2s_3} \quad ; \quad q_3 = \frac{s_3^2 + s_1^2 - s_2^2}{2s_3} \qquad (1a)\ (1b)$$

$$H_3 = \sqrt{s_2^2 - p_3^2} \quad ; \quad H_3 = \sqrt{s_1^2 - q_3^2} \qquad (2a)\ (2b)$$

Durch zyklische Vertauschung der Indizes erhält man die restlichen Höhen und Höhenfußpunkte.

Programmausdruck:

```
100 REM Berechnung von Hoehe und Hoehenfusspunkt
101 REM             K.....K3 Indexsteuerung
102 REM             N1...... Anzahl der Datensaetze
103 REM             S1...... Testgroesse - grobe Eingabefehler
140 DIM S(3),H(3),P(3),Q(3)
150 INPUT "Anzahl der Datensaetze : ";N1
160 FOR J=1 TO N1
170 K,K1,K2,K3,F1=0
180 FOR I=1 TO 3
190 H(I),P(I),Q(I)=0
200 NEXT I
210 READ S(1),S(2),S(3)
220 S1=(S(1)+S(2)+S(3))/2
230 FOR I=1 TO 3
240 IF S1-S(I)<=0 THEN 350 ! Abfrage auf Fehler
250 NEXT I
260 REM ----------- Hoehe -----------
270 K1=1 @ K2=2 @ K3=3
280 FOR I=1 TO 3
290 P(K1)=(S(K1)^2+S(K3)^2-S(K2)^2)/(2*S(K1))
300 Q(K1)=S(K1)-P(K1)
310 H(I)=SQR(S(K3)^2-P(K1)^2)
320 K=K3 @ K3=K2 @ K2=K1 @ K1=K
330 NEXT I
340 F1=1
350 GOSUB 380
360 NEXT J
370 GOTO 540
380 REM ---------- Ausdruck ----------
390 PRINT USING 400 ; "Hoehe und Hoehenfusspunkt
Dreieck ";J
400 IMAGE 15x,46a,x,2d
410 PRINT USING 420
420 IMAGE 15x,50("-")
430 IF F1=1 THEN 450
440 PRINT "                 Eingabe-Datensatz ";J;" fehlerhaft
 !"
450 PRINT
460 PRINT USING 470 ; "  Seite          p            q
 Hoehe"
470 IMAGE 19x,50a,/
480 FOR I=1 TO 3
490 PRINT USING 500 ; S(I),P(I),Q(I),H(I)
500 IMAGE 17x,4(5d.3d,3x)
510 NEXT I
520 PRINT @ PRINT
530 RETURN
540 END
550 REM ---------- Datensaetze -------
560 DATA 273.45,167.17,213.58
570 DATA 8.436,53.596,23
580 DATA 14,27,31
```

Berechnungsbeispiel:

```
Hoehe und Hoehenfusspunkt                 Dreieck    1
-------------------------------------------------------

      Seite          p            q           Hoehe

    273.450      169.035      104.415       130.550
    167.170      170.797       -3.627       167.146
    213.580       -2.839      216.419       213.549

Hoehe und Hoehenfusspunkt                 Dreieck    2
-------------------------------------------------------
Eingabe-Datensatz  2  fehlerhaft !

      Seite          p            q           Hoehe

      8.436        0.000        0.000         0.000
     53.596        0.000        0.000         0.000
     23.000        0.000        0.000         0.000

Hoehe und Hoehenfusspunkt                 Dreieck    3
-------------------------------------------------------

      Seite          p            q           Hoehe

     14.000       15.286       -1.286        26.969
     27.000        -.667       27.667        12.180
     31.000       24.097        6.903        13.984
```

3 Geradenschnitt

Das Programm "Geradenschnitt" berechnet die Schnittpunktskoordinaten Y_s und X_s zweier Geraden und die Teilstrecken nach den Formeln der Analytischen Geometrie. Ist die Determinante der Koeffizienten D kleiner als 0.00001, so sind die Geraden parallel, und im Ausdruck erscheint für die Schnittkoordinaten der Wert 9999.

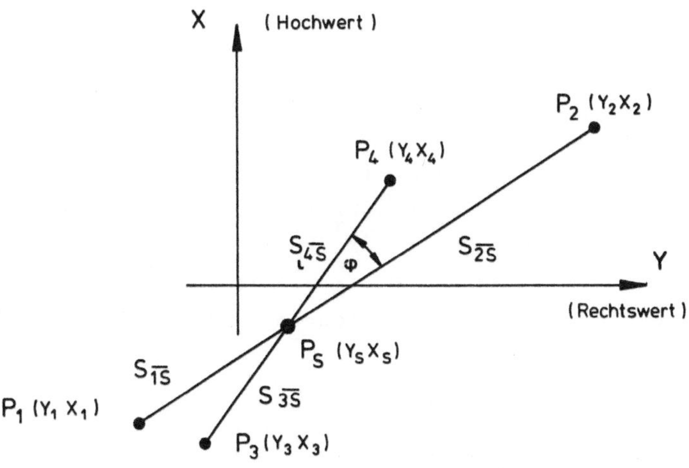

Abb. 3 Geradenschnitt mit 4 Punkten

Gegeben: Koordinaten der Punkte P_1 ...... P_4

Gesucht: Koordinaten des Schnittpunktes P_s

Strecken S_{is} ; Schnittwinkel φ

Eingabe Datenstruktur 3

Punkt Nr.	Rechtswert	Hochwert
P_1	Y_1	X_1
P_2	Y_2	X_2
P_3	Y_3	X_3
P_4	Y_4	X_4

Die Gleichung einer Geraden durch zwei Punkte P_1 (Y_1, X_1) und P_2 (Y_2, X_2) ist:

$$\frac{Y - Y_1}{Y_2 - Y_1} = \frac{X - X_1}{X_2 - X_1} \tag{1}$$

Durch Ausmultiplizieren und Ordnen erhält man die allgemeine Form der Geradengleichung mit den Koeffizienten A, B und C.

Der Schnittpunkt P (Y_S, X_S) zweier Geraden ergibt sich so als lineares Gleichungssystem in der allgemeinen Form :

$$\begin{aligned} A_1 x + B_1 y + C_1 &= 0 \\ A_2 x + B_2 y + C_2 &= 0 \end{aligned} \tag{2}$$

mit den Koeffizienten :

$$\begin{aligned} A_1 &= -(Y_2 - Y_1) & A_2 &= -(Y_4 - Y_3) \\ B_1 &= (X_2 - X_1) & B_2 &= (X_4 - Y_3) \\ C_1 &= (X_1 . Y_2) - (X_2 . Y_1)\ , & C_2 &= (X_3 . Y_4) - (X_4 . Y_3) \end{aligned} \tag{3}$$

Die Koordinaten des Schnittpunktes berechnen sich über die Determinanten wie folgt :

$$Y_S = \frac{D_1}{D} \qquad X_S = \frac{D_2}{D} \tag{4}$$

mit

$$\begin{aligned} D &= A_1 . B_2 - B_1 . A_2 \qquad D \neq 0 \\ D_1 &= C_1 . A_2 - A_1 . C_2 \\ D_2 &= B_1 . C_2 - C_1 . B_2 \end{aligned} \tag{5}$$

Strecken $$S_i = \sqrt{(Y_s - Y_i)^2 + (X_s - X_i)^2} \tag{6}$$

Programmausdruck:

```
100 !   Geradenschnitt - 4 Punkte
110 ! -----------------------------------------------------
120 OPTION ANGLE DEGREES
130 DIM P(5),Y(5),X(5),S(5)
140 INPUT "Anzahl der Datensaetze ? ";N1
150 FOR J=1 TO N1
160 M1,M2=0
170 FOR I=1 TO 4
180 READ P(I),Y(I),X(I)
190 NEXT I
200 INPUT "Schnittpunkt Nr... ?  ";P(5)
210 A1=-(Y(2)-Y(1)) @ B1=X(2)-X(1)
220 C1=X(1)*Y(2)-X(2)*Y(1)
230 A2=-(Y(4)-Y(3)) @ B2=X(4)-X(3)
240 B2=X(4)-X(3)
250 C2=X(3)*Y(4)-X(4)*Y(3)
260 D=A1*B2-A2*B1
270 IF ABS(D)<.00001 THEN 380
280 D1=-A1*C2+C1*A2
290 D2=B1*C2-C1*B2
300 Y(5)=D1/D @ X(5)=D2/D
310 IF B1#0 THEN M1=-A1/B1
320 IF B2#0 THEN M2=-A2/B2
330 W1=ATN((M2-M1)/(1+M1*M2))
340 W=ABS(W1*10/9) !         Schnittwinkel
350 IF W=0 THEN W=100
360 GOSUB 420
370 GOTO 400
380 Y(5),X(5)=99999 @ W=0
390 GOSUB 420
400 NEXT J
410 END
420 ! ----------------- Ausdruck -------------------------
430 PRINT USING 440 ; "Geradenschnitt","Schnittwinkel",W,"[g
on]"
440 IMAGE 15x,15a,5x,15a,3d.4d,x,5a
450 PRINT USING 460
460 IMAGE 15x,50("-"),/
470 PRINT USING 480 ; "Punkt Nr.   Rechtswert     Hochwert
    Strecke"
480 IMAGE 15x,50a,/
490 FOR I=1 TO 5
500 S(I)=SQR((Y(5)-Y(I))^2+(X(5)-X(I))^2)
510 IF I=5 THEN PRINT
520 PRINT USING 530 ; P(I),Y(I),X(I),S(I)
530 IMAGE 17x,5d,5x,6d.3d,3x,6d.3d,3x,6d.3d
540 NEXT I
550 PRINT @ PRINT
560 RETURN
```

```
570 ! ------------- Datensaetze ---------------------------
580 DATA 1,-40,-40
590 DATA 2,70,30
600 DATA 3,-20,-50
610 DATA 4,30,20
620 !
630 DATA 210,20102,55107
640 DATA 211,20580,54613
650 DATA 310,20000,55000
660 DATA 315,21000,55000
```

Berechnungsbeispiel:

```
Geradenschnitt        Schnittwinkel    24.4346 [gon]
-----------------------------------------------------

Punkt Nr.    Rechtswert       Hochwert         Strecke

        1       -40.000        -40.000          58.983
        2        70.000         30.000          71.401
        3       -20.000        -50.000          51.204
        4        30.000         20.000          34.819

        5         9.762         -8.333           0.000

Geradenschnitt        Schnittwinkel    48.9522 [gon]
-----------------------------------------------------

Punkt Nr.    Rechtswert       Hochwert         Strecke

      210     20102.000      55107.000         148.890
      211     20580.000      54613.000         538.510
      310     20000.000      55000.000         205.534
      315     21000.000      55000.000         794.466

     1003     20205.534      55000.000           0.000
```

4 Geradenschnitt – 3 Punkte

Berechnet werden: der orthogonale Abstand eines Punktes in bezug auf eine Gerade, die durch die Koordinaten zweier Punkte definiert ist sowie die Koordinaten seines Lotfußpunktes.

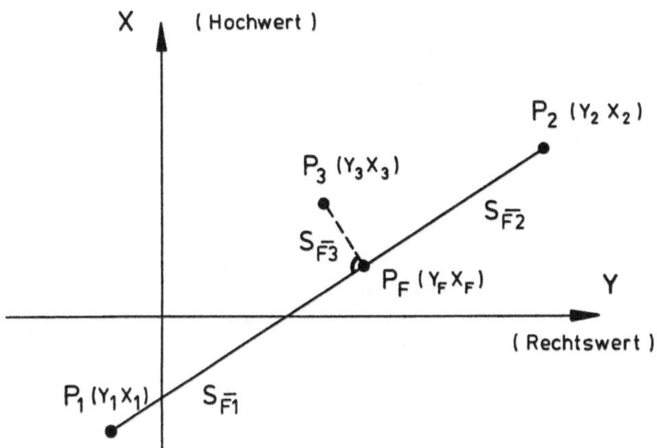

Abb. 4 Geradenschnitt - 3 Punkte

Gegeben: Koordinaten der Punkte $P_1 \dots P_3$

Gesucht: Koordinaten des Lotpunktes P_F

Orthogonaler Abstand $P_3 - P_F$

Eingabe Datenstruktur 4

Punkt Nr.	Rechtswert	Hochwert
P_1	Y_1	X_1
P_2	Y_2	X_2
P_3	Y_3	X_3

Die Gleichung der Geraden zweier Punkte in der allgemeinen Form ist:

$$A_1 x + B_1 y + C_1 = 0 \tag{1}$$

Mit den Koeffizienten A_1, B_1 und C_1 aus der Formelzusammenstellung " Geradenschnitt " folgt für den Abstand d eines Punktes von der Geraden und den Koordinaten des Lotpunktes Y_F und X_F :

$$D1 = \sqrt{A_1^2 + B_1^2} \tag{2}$$

$$d = \frac{A_1 . X_3 + B_1 . X_3 + C_1}{D1} = S_{F3} \tag{3}$$

$$Y_F = Y_3 - \frac{d . B_1}{D1} \quad , \quad X_F = X_3 - \frac{d . A_1}{D1} \tag{4}$$

Programmausdruck:

```
100 REM Geradenschnitt - 3 Punkte
110 REM -------------------------
120 DIM P(5),Y(5),X(5),S(5)
130 INPUT "Anzahl der Datensaetze  ? ";N1
140 FOR J=1 TO N1
150 FOR I=1 TO 3
160 READ P(I),Y(I),X(I)
170 NEXT I
180 INPUT "Neupunkt Nr... ?  ";P(4)
190 A1=-(Y(2)-Y(1))
200 B1=X(2)-X(1)
210 C1=X(1)*Y(2)-X(2)*Y(1)
220 D2=A1*X(3)+B1*Y(3)+C1
230 D1=SQR(A1^2+B1^2)
240 D=D2/D1
241 Y(4)=Y(3)-D*B1/D1
242 X(4)=X(3)-D*A1/D1
340 GOSUB 370
350 NEXT J
360 END
370 REM --------------- Ausdruck ------
390 PRINT USING 400 ; "Geradenschnitt - 3 Punkte"
400 IMAGE 15x,25a
410 PRINT USING 420
420 IMAGE 15x,50("-")
430 PRINT
440 PRINT USING 450 ; "Punkt Nr.   Rechtswert     Hochwert
    Strecke"
450 IMAGE 15x,50a,/
460 FOR I=1 TO 4
470 S(I)=SQR((Y(4)-Y(I))^2+(X(4)-X(I))^2)
480 IF I=4 THEN PRINT
490 PRINT USING 500 ; P(I),Y(I),X(I),S(I)
500 IMAGE 17x,5d,5x,6d.3d,3x,6d.3d,3x,6d.3d
510 NEXT I
520 PRINT @ PRINT
530 RETURN
540 REM ----------- Datensaetze -------
560 DATA 1,-40,-40
570 DATA 2,70,30
590 DATA 4,30,20
600 !
610 DATA 210,20102,55107
620 DATA 211,20580,54613
630 DATA 310,20000,55000
```

Berechnungsbeispiel:

Geradenschnitt - 3 Punkte

Punkt Nr.	Rechtswert	Hochwert	Strecke
1	-40.000	-40.000	91.269
2	70.000	30.000	39.115
4	30.000	20.000	13.038
77	37.000	9.000	0.000

Geradenschnitt - 3 Punkte

Punkt Nr.	Rechtswert	Hochwert	Strecke
210	20102.000	55107.000	5.967
211	20580.000	54613.000	681.433
310	20000.000	55000.000	147.707
88	20106.150	55102.712	0.000

5 Parallelschnitt

Der Parallelschnitt ist die Lösung zweier Geradenschnitte, wobei durch einen koordinatenmäßig bekannten Punkt P_5 die Parallele zur Geraden durch die Punkte P_1 und P_2 definiert sein soll.

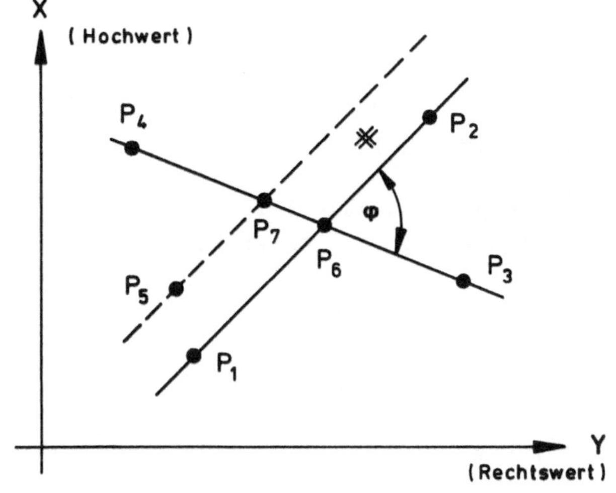

Abb. 5

Parallelschnitt

Gegeben: Koordinaten der Punkte P_1 ..... P_5

Gesucht: Koordinaten der Schnittpunkte P_6 ; P_7
Teilstrecken S_i und der Schnittwinkel φ

Eingabe - Datenstruktur 5

Punkt Nr.	Rechtswert	Hochwert
P_1	Y_1	X_1
⋮	⋮	⋮
⋮	⋮	⋮
P_5	Y_5	X_5

Für den Schnittpunkt der Geraden P_1P_2 mit der Graden P_3P_4 werden die Formeln nach Abschnitt 3 benutzt.
Der Schnittpunkt mit der Parallelen ergibt sich durch Gleichsetzen der Geradengleichung für den Punkt P_5 mit der Steigung m_1 und der Gleichung für den Punkt P_3 mit der Steigung m_2 .

Aus dem Gleichungsystem (2) Abschnitt 3 folgt:

$$\text{I.} \quad Y = Xm_1 + n_1 \quad \text{mit} \quad m_1 = -A_1/B_1, \quad n_1 = -C\ /B_1 \tag{1}$$

$$\text{II.} \quad Y = Xm_2 + n_2 \quad \text{mit} \quad m_2 = -A_2/B_2, \quad n_2 = -C\ /B_2 \tag{2}$$

Geradengleichung durch Punkt P_5

$$Y - Y_5 = m_1(X - X_5) \tag{3}$$

Gleichung (2) und (3) Gleichsetzen und Ausmultiplizieren ergibt die Schnittpunktkoordinaten für den Punkt P_5 .

$$X_7 = \frac{Y_5 - Y_5 m_1 - n_2}{m_2 - n_1} \tag{4}$$

$$Y_7 = x_7 m_2 + n_2 \tag{5}$$

Schnittwinkel der Geraden

$$\varphi = \arctan\left(\frac{m_2 - m_1}{1 + m_1 m_2}\right) \tag{6}$$

Programmausdruck:

```
100 !   Parallelschnitt - 5 Punkte
110 ! ---------------------------
120 OPTION ANGLE DEGREES
130 DIM P(8),Y(8),X(8),S(8)
140 INPUT "Anzahl der Datensaetze ? ";N
150 FOR J=1 TO N
160 M1,M2=0
170 FOR I=1 TO 5
180 READ P(I),Y(I),X(I)
190 NEXT I
200 INPUT "Schnittpunkt Nr.  P6,P7 ? ";P(6),P(7)
210 A1=-(Y(2)-Y(1))
220 B1=X(2)-X(1)
230 C1=X(1)*Y(2)-X(2)*Y(1)
240 A2=-(Y(4)-Y(3))
250 B2=X(4)-X(3)
260 C2=X(3)*Y(4)-X(4)*Y(3)
270 D=A1*B2-A2*B1
280 IF ABS(D)<.00001 THEN 410
290 D1=-A1*C2+C1*A2
300 D2=B1*C2-C1*B2
310 Y(6)=D1/D @ X(6)=D2/D
320 IF B1#0 THEN M1=-A1/B1
330 IF B2#0 THEN M2=-A2/B2 @ N2=-C2/B2
340 X(7)=(Y(5)-X(5)*M1-N2)/(M2-M1)
350 Y(7)=X(7)*M2+N2
360 W1=ATN((M2-M1)/(1+M1*M2))
370 W=ABS(W1*10/9)
380 IF W=0 THEN W=100
390 GOSUB 450
400 GOTO 430
410 Y(6),X(6)=99999 @ W=0
420 GOSUB 450
430 NEXT J
440 END
450 ! ------------ Ausdruck -----------
460 PRINT USING 470 ; "Parallelschnitt","Schnittwinkel",W,"[
gon]"
470 IMAGE 15x,15a,5x,15a,3d.4d,x,5a
480 PRINT USING 490
490 IMAGE 15x,50("-"),/
500 PRINT USING 510 ; "Punkt Nr.   Rechtswert     Hochwert
    Strecke"
510 IMAGE 15x,50a,/
520 FOR I=1 TO 7
530 S(I)=SQR((Y(6)-Y(I))^2+(X(6)-X(I))^2)
540 IF I=6 THEN PRINT
550 PRINT USING 560 ; P(I),Y(I),X(I),S(I)
560 IMAGE 17x,5d,5x,6d.3d,3x,6d.3d,3x,6d.3d
570 NEXT I
580 PRINT @ PRINT
590 RETURN
600 ! ------------- Datensaetze -------
610 DATA 1,-40,-40
620 DATA 2,70,30
630 DATA 3,-20,-50
640 DATA 4,30,20
650 DATA 5,10,10
```

Berechnungsbeispiel:

Parallelschnitt Schnittwinkel 24.4346 [gon]

Punkt Nr.	Rechtswert	Hochwert	Strecke
1	-40.000	-40.000	58.983
2	70.000	30.000	71.401
3	-20.000	-50.000	51.204
4	30.000	20.000	34.819
5	10.000	10.000	18.335
102	9.762	-8.333	0.000
103	33.571	25.000	40.963

6 Schnitt Kreis-Gerade

Das Problem "Schnitt eines Kreises mit einer koordinatenmäßig festgelegten Geraden" kann von unterschiedlichen Kreisfestlegungen bestimmt sein. Das Programm berücksichtigt zum einen die Festlegung des Kreises durch seine Mittelpunktskoordinaten und den Radius, zum anderen die Festlegung durch 3 koordinatenmäßig bestimmte Kreispunkte. Im zweiten Fall führt der Lösungsweg über den Schnittpunkt der Mittellote.

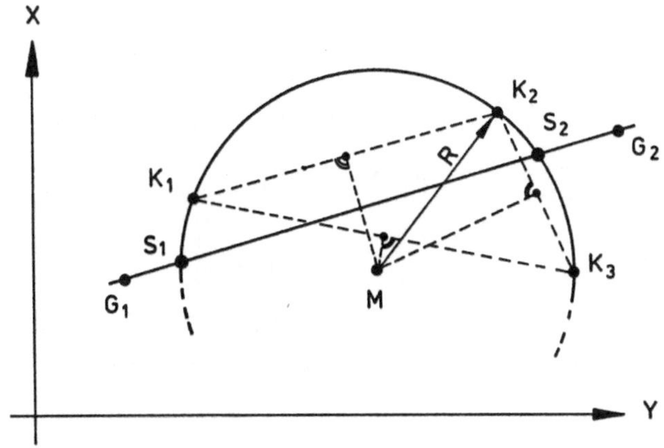

Abb. 6

Schnitt Kreis mi einer Geraden

Gegeben: a) Koordinaten des Mittelpunktes M
Radius des Kreises R

b) Koordinaten der Kreispunkte K_1 , K_2 , K_3

für a) und b) gemeinsam, die Koordinaten der Geradenpunkte G_1 und G_2

Gesucht: Koordinaten der Schnittpunkte S_1 und S_2 und wenn b) gegeben: Mittelpunktskoordinaten und Radius des Kreises

Geradengleichung in der allgemeinen Form mit den Koeffizienten A_1 , B_1 und C_1 aus Abschnitt 3 Gleichung (2), (3)

$$A_1x + B_1y + C_1 = 0 \qquad (1)$$

Allgemeine Kreisgleichung

$$(X-X_o)^2 + (Y-Y_o)^2 = R^2 \tag{2}$$

Gleichung (1) nach x bzw. nach y aufgelöst und in die Gleichung (2) eingesetzt ergeben die quadratischen Gleichungen für die Schnittpunkte

$$y^2A_2 + 2yB_2 + C_2 = 0 \tag{3}$$

$$x^2A_3 + 2xB_3 + C_3 = 0 \tag{4}$$

mit den Koeffizienten:

$$C = Y_o^2 + X_o^2 - R^2$$

$$m_1 = -B_1/A_1 \quad ; \quad n_1 = -C_1/A_1$$

$$m_2 = -A_1/B_1 \quad ; \quad n_2 = -C_1/B_1$$

$$A_2 = 1 + m_1^2 \qquad A_3 = 1 + m_2^2$$

$$B_2 = m_1n_1 - m_1X_o - Y_o \qquad B_3 = m_2n_2 - m_2Y_o - X_o$$

$$C_2 = C + n_1^2 - 2n_1X_o \qquad C_3 = C + n_2^2 - 2n_2Y_o$$

Eingabe - Datenstruktur

F1	Steuerparameter	1 = Radius 2 = Kreiskoord.	Text

1	Radius	R		
	Mittelpunkt	P_0	Y_0	X_0
	Geradenpunkte	G_1	Y_1	X_1
		G_2	Y_2	X_2

2	Kreispunkte	K_1	Y_1	X_1
		K_2	Y_2	X_2
		K_3	Y_3	X_3
	Geradenpunkte	G_1	Y_1	X_1
		G_2	Y_2	X_2

Programmausdruck:

```
100 ! Schnitt Kreis - Gerade
110 ! --------------------------------------------------------
120 DIM P(10),X(10),Y(10),U(5),V(5),M(2)
130 INPUT "Anzahl der Datensaetze  ";N
140 FOR J=1 TO N
150 GOSUB 180
160 NEXT J
170 STOP
180 K=1
190 INPUT "Punkt-Nr. der Schnittpunkte  ";P3,P4
200 READ F1,T$ !                          Steuerparameter, Text
210 DISP T$
220 ON F1 GOTO 420,230
230 ! -------- Berechnung der Mittelpunktskoordinaten ------
240 !          und des Kreisradius
250 FOR I=K TO K+2
260 READ P(I),Y(I),X(I)
270 NEXT I
280 P0=0
290 FOR I=1 TO 2
300 A1=Y(I+1)-Y(1)
310 B1=X(I+1)-X(1)
320 V(I)=(Y(I+1)+Y(1))/2
330 U(I)=(X(I+1)+X(1))/2
340 IF B1=0 THEN M(I)=0 @ GOTO 360
350 M(I)=-1/(A1/B1)
360 NEXT I
370 X0=(M(1)*U(1)-M(2)*U(2)-V(1)+V(2))/(M(1)-M(2))
380 Y0=M(1)*(X0-U(1))+V(1)
390 R=SQR((Y(1)-Y0)^2+(X(1)-X0)^2)
400 DISP "Radius = ";R @ K=I
410 ! ------------- Schnitt Kreis - Gerade ---------------
420 IF F1=1 THEN READ R,P0,Y0,X0
430 READ P1,Y1,X1
440 READ P2,Y2,X2
450 C1=X1*Y2-X2*Y1 @ C=Y0^2+X0^2-R^2
460 A1=-(Y2-Y1)
470 B1=X2-X1
480 IF A1#0 THEN 510
490 Y3,Y4=Y1 !                       G  parallel zur x-Achse
500 GOTO 570
510 M1=-B1/A1 @ N1=-C1/A1
520 A2=1+M1^2 @ B2=M1*N1-M1*X0-Y0 @ C2=C+N1^2-2*N1*X0
530 S2=2*B2/A2 @ Q2=C2/A2
540 S=S2^2/4-Q2 @ IF S<0 THEN 910
550 Y3=-S2/2-SQR(S) @ Y4=-S2/2+SQR(S)
560 !
570 IF B1#0 THEN 600
580 X3,X4=X1 !                       G  parallel zur y-Achse
590 GOTO 680
600 M2=-A1/B1 @ N2=-C1/B1
610 A3=1+M2^2 @ B3=M2*N2-M2*Y0-X0 @ C3=C+N2^2-2*N2*Y0
620 S3=2*B3/A3 @ Q3=C3/A3
```

```
630 S=S3^2/4-Q3 @ IF S<0 THEN 910
640 IF M2<0 THEN 670
650 X3=-S3/2-SQR(S) @ X4=-S3/2+SQR(S)
660 GOTO 690
670 X3=-S3/2+SQR(S) @ X4=-S3/2-SQR(S)
680 ! --------------- Ausdruck ---------------------------

690 PRINT USING 700 ; "Schnitt Kreis - Gerade","Radius = ";R
700 IMAGE 15x,30a,9a,5d.3d
710 PRINT USING 720
720 IMAGE 15x,50("-"),/
730 PRINT USING 740 ; "Punkt Nr.    Rechtswert      Hochwert
   Punktart"
740 IMAGE 15x,50a
750 IF F1=1 THEN 820
760 PRINT @ A$="Kreispunkte"
770 FOR I=1 TO 3
780 PRINT USING 790 ; P(I),Y(I),X(I),A$
790 IMAGE 15x ,5d,7x,2(6d.3d,3x),15a
800 A$=""
810 NEXT I
820 PRINT @ A$="Mittelpunkt"
830 PRINT USING 790 ; P0,Y0,X0,A$
840 PRINT @ A$="Geradenpunkte"
850 PRINT USING 790 ; P1,Y1,X1,A$
860 A$="" @ PRINT USING 790 ; P2,Y2,X2,A$
870 PRINT @ A$="Schnittpunkte"
880 PRINT USING 790 ; P3,Y3,X3,A$
890 A$="" @ PRINT USING 790 ; P4,Y4,X4,A$
900 GOTO 920
910 DISP "Kein Schnittpunkt moeglich !"
920 PRINT @ PRINT
930 RETURN
940 ! ---------------- daten -----------------------------
-
950 DATA 1,"Beispiel 1"
960 DATA 50
970 DATA 100,20,20
980 DATA 10,-50,50
990 DATA 20,50,-50
1000 !
1010 DATA 2,"Beispiel 2"
1020 DATA 1,30,90
1030 DATA 2,120,55
1040 DATA 3,70,10
1050 DATA 25,0,50
1060 DATA 15,120,110
```

Berechnungsbeispiel:

Schnitt Kreis - Gerade Radius = 50.000

Punkt Nr.	Rechtswert	Hochwert	Punktart
100	20.000	20.000	Mittelpunkt
10	-50.000	50.000	Geradenpunkte
20	50.000	-50.000	
112	-29.155	29.155	Schnittpunkte
113	29.155	-29.155	

Schnitt Kreis - Gerade Radius = 50.087

Punkt Nr.	Rechtswert	Hochwert	Punktart
1	30.000	90.000	Kreispunkte
2	120.000	55.000	
3	70.000	10.000	
0	70.172	60.086	Mittelpunkt
25	0.000	50.000	Geradenpunkte
15	120.000	110.000	
233	20.086	60.043	Schnittpunkte
234	100.259	100.129	

7 Schnitt Kreis-Kreis

Wenn zwei Kreise Schnittpunkte haben, so liegen diese auf einer Geraden, die sich mit der Geraden, die durch die Kreismittelpunkte definiert ist, im Punkt S_0 rechtwinklig schneiden. Die Lösung führt so über den Geradenschnitt und über den orthogonalen Abstand eines Punktes zu einer Geraden.

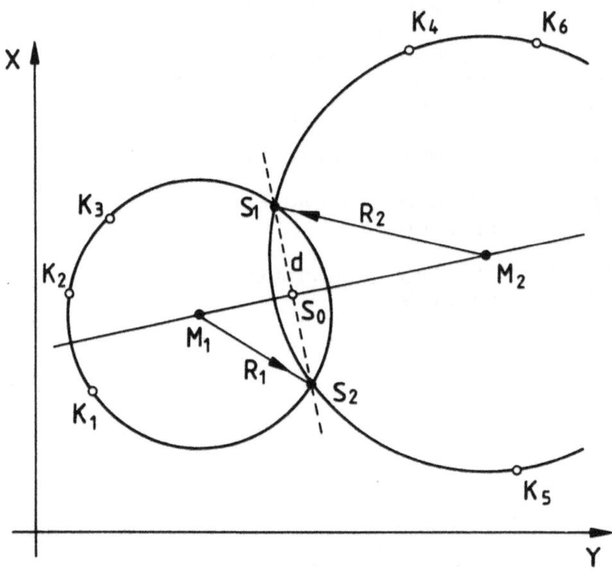

Abb. 7 Schnitt zweier Kreise

Gegeben:

a) Koordinaten der Mittelpunkte M_1, M_2
   Kreisradien R_1, R_2

b) Kombination aus a) und c)

c) Koordinaten der Kreispunkte K_1 - K_6

Gesucht: Koordinaten der Schnittpunkte S_1, S_2

Formelzusammenstellung

Kreisgleichungen

$$K1: \quad (X-X_{M1})^2 + (Y-Y_{M1})^2 = R_1^2 \qquad (1)$$

$$K2: \quad (X-X_{M2})^2 + (Y-Y_{M2})^2 = R_2^2 \qquad (2)$$

Durch Ausmultiplizieren und Subtrahieren der Gleichungen (1) und (2) ergibt sich:

$$2xA_2 + 2yB_2 + C_4 - C_3 = 0 \qquad (3)$$

die Gleichung der Geraden durch die Kreisschnittpunkte mit den Koeffizienten:

$$A_2 = (X_{M1}-X_{M2}) \quad ; \quad B_2 = (Y_{M1}-Y_{M2})$$

$$C_3 = X_{M1}{}^2 + Y_{M1}{}^2 - R_1^2 \quad ; \quad C_4 = X_{M2}{}^2 + Y_{M2}^2 - R_2^2$$

Koeffizienten der Geraden durch die Kreismittelpunkte

$$A_1 = -(Y_{M2}-Y_{M1}) \quad ; \quad B_1 = (X_{M2}-X_{M1})$$

$$C_1 = X_{M1} \cdot Y_{M2} - X_{M2} \cdot Y_{M1}$$

Schnittpunktkoordinaten beider Geraden

$$Y = D_1/D \quad ; \quad X = D_2/D \qquad (4)$$

mit

$$D_1 = -A_1 \cdot C_2 + C_1 \cdot B_2 \quad ; \quad D_2 = B_1 \cdot C_2 - C_1 \cdot B_2$$

$$D = A_1 \cdot B_2 - A_2 \cdot B_1$$

Koordinaten der Kreisschnittpunkte

$$S = \sqrt{(Y_{M1}-Y)^2 + (X_{M1}-X)^2}$$

für
- $S < R$ Schnittpunkte
- $S = R$ Berührungspunkt
- $S > R$ Keine Schnitt-punkte

$$D = \sqrt{R_1^2 - S^2} \quad ; \quad D_1 = \sqrt{A_1^2 + B_1^2}$$

$$A = D \cdot A_1/D_1 \quad ; \quad B = D \cdot B_1/D_1$$

$$Y_1 = Y - B \quad ; \quad Y_2 = Y + B \qquad (5)$$

$$X_1 = X - A \quad ; \quad X_2 = X + B \qquad (6)$$

Eingabe - Datenstruktur 7

F1	Steuerparameter	1 = Radius / Radius 2 = Kreisk. / Radius 3 = Kreisk. / Kreisk.	Text

1	Radius Kreis 1	R_1		
	Mittelpunkt	M_1	Y_0	X_0
	Radius Kreis 2	R_2		
	Mittelpunkt	M_2	Y_0	X_0

2	Kreispunkte Kreis 1	K_1	Y_1	X_1
		K_2	Y_2	X_2
		K_3	Y_3	X_3
	Radius Kreis 2	R_2		
	Mittelpunkt	M_2	Y_0	X_0

3	Kreispunkte Kreis 1	K_1	Y_1	X_1
		K_2	Y_2	X_2
		K_3	Y_3	X_3
	Kreispunkte Kreis 2	K_4	Y_4	X_4
		K_5	Y_5	X_5
		K_6	Y_6	X_6

Programmausdruck:

```
10 ! Schnitt Kreis - Kreis
20 ! -------------------------------------------------
30 DIM P(10),X(10),Y(10),U(5),V(5),M(2),XO(2),YO(2),R(2)
40 DIM PO(2)
50 INPUT "Anzahl der Datensaetze  ";N
60 FOR J=1 TO N
70 GOSUB 100
80 NEXT J
90 STOP
100 K=1
110 INPUT "Schnittpunktnummern: ";P1,P2
120 ! DISP T$
130 READ F1,T$ !                        Steuerparameter, Text
140 ! ---------------- Ausdruck ----------------------------
150 PRINT USING 160 ; "Schnitt Kreis - Kreis  ";T$
160 IMAGE 15x,30a,20a
170 PRINT USING 180
180 IMAGE 15x,50("-"),/
190 PRINT USING 200 ; "Punkt Nr.   Rechtswert       Hochwert
   Punktart"
200 IMAGE 15x,50a,/
210 ON F1 GOTO 570,240,250
220 ! -------- Berechnung der Mittelpunktskoordinaten ------
230 !          und des Kreisradius
240 N9=1 @ GOTO 260
250 N9=2
260 FOR I1=1 TO N9
270 FOR I=1 TO 3
280 READ P(I),Y(I),X(I)
290 NEXT I
300 !
310 FOR I=1 TO 2
320 A1=Y(I+1)-Y(1)
330 B1=X(I+1)-X(1)
340 V(I)=(Y(I+1)+Y(1))/2
350 U(I)=(X(I+1)+X(1))/2
360 IF B1#0 THEN 380
370 M(I)=0 @ GOTO 390
380 M(I)=-1/(A1/B1)
390 NEXT I
400 XO(I1)=(M(1)*U(1)-M(2)*U(2)-V(1)+V(2))/(M(1)-M(2))
410 YO(I1)=M(1)*(XO(I1)-U(1))+V(1)
420 R(I1)=SQR((Y(1)-YO(I1))^2+(X(1)-XO(I1))^2)
430 DISP "Radius = ";R(I1)
440 A$="Kreispunkte"
450 FOR I=1 TO 3
460 PRINT USING 470 ; P(I),Y(I),X(I),A$
470 IMAGE 15x,5d,7x,2(6d.3d,3x),15a
480 A$=""
490 NEXT I
500 PRINT @ A$="Mittelpunkt"
510 PRINT USING 470 ; I1,YO(I1),XO(I1),A$
520 A$="Radius"
530 PRINT USING 540 ; R(I1),A$
540 IMAGE 40x,6d.3d,3x,15a,/
550 NEXT I1
```

```
560 ! ------------- Schnitt Kreis - Kreis ----------------
570 ON F1 GOTO 580,590,690
580 N9=2 @ K=1 @ GOTO 600
590 N9=2 @ K=2
600 FOR I1=K TO N9
610 A$="Mittelpunkt"
620 READ R(I1)
630 READ P0(I1),Y0(I1),X0(I1)
640 PRINT USING 470 ; P0(I1),Y0(I1),X0(I1),A$
650 A$="Radius"
660 PRINT USING 540 ; R(I1),A$
670 NEXT I1
680 A$=""
690 C1=X0(1)*Y0(2)-X0(2)*Y0(1)
700 A1=-(Y0(2)-Y0(1)) !         Koeffizienten der Geraden
710 B1=X0(2)-X0(1) !            durch die Kreismittelpunkte
720 !
730 A2=X0(1)-X0(2)
740 B2=Y0(1)-Y0(2)
750 C3=X0(1)^2+Y0(1)^2-R(1)^2
760 C4=X0(2)^2+Y0(2)^2-R(2)^2 ! Koeffizienten der Geraden
770 C2=(C4-C3)/2 !              durch die Kreisschnittpunkte
780 !
790 D=A1*B2-A2*B1
800 IF ABS(D)<.00001 THEN 990
810 D2=B1*C2-C1*B2
820 D1=-A1*C2+C1*A2
830 Y=D1/D @ X=D2/D !           Schnittpunkt der Geraden
840 S=SQR((Y0(1)-Y)^2+(X0(1)-X)^2)
850 IF S>R(1) THEN 990
860 D=SQR(R(1)^2-S^2)
870 IF D<.001 THEN A$="Beruehrungspunkt"
880 D1=SQR(A1^2+B1^2)
890 A=D*A1/D1 @ B=D*B1/D1
900 Y1=Y-B @ Y2=Y+B !           Koordinaten der
910 X1=X-A @ X2=X+A !           Kreisschnittpunkte  S1 und S2
920 ! -----------------------------------------------------
930 A$="Schnittpunkt"
940 IF D<=.001 THEN A$="Beruehrungspkt."
950 PRINT USING 470 ; P1,Y1,X1,A$
960 PRINT USING 470 ; P2,Y2,X2,A$
970 GOTO 1000
980 !
990 PRINT TAB(17);"Kein Schnittpunkt moeglich !" @ PRINT
1000 PRINT @ PRINT
1010 RETURN
1020 PRINT @ PRINT
1030 ! ---------------- Daten ----------------------------
1040 DATA 1,"Beispiel 1"
1050 DATA 30
1060 DATA 111,35,0
1070 DATA 30
1080 DATA 112,95,0
1090 DATA 2,"Beispiel 2"
1100 DATA 11,40,11.7158
```

```
1110 DATA 12,11.7158,40
1120 DATA 13,20,60
1130 DATA 49.24429
1140 DATA 100,80,80
1150 DATA 3,"Beispiel 3"
1160 DATA 31,40,11.7158
1170 DATA 32,11.7158,40
1180 DATA 33,20,60
1190 DATA 41,80,30.7557
1200 DATA 42,30.7557,80
1210 DATA 43,129.2443,80
```

Berechnungsbeispiel:

Schnitt Kreis - Kreis Beispiel 1

Punkt Nr.	Rechtswert	Hochwert	Punktart
111	35.000	0.000	Mittelpunkt
		30.000	Radius
112	95.000	0.000	Mittelpunkt
		30.000	Radius
101	65.000	0.000	Beruehrungspkt.
102	65.000	0.000	Beruehrungspkt.

Schnitt Kreis - Kreis Beispiel 2

Punkt Nr.	Rechtswert	Hochwert	Punktart
11	40.000	11.716	Kreispunkte
12	11.716	40.000	
13	20.000	60.000	
1	40.000	40.000	Mittelpunkt
		28.284	Radius
100	80.000	80.000	Mittelpunkt
		49.244	Radius
201	32.434	67.254	Schnittpunkt
202	67.254	32.434	Schnittpunkt

Schnitt Kreis - Kreis Beispiel 3

Punkt Nr.	Rechtswert	Hochwert	Punktart
31	40.000	11.716	Kreispunkte
32	11.716	40.000	
33	20.000	60.000	
1	40.000	40.000	Mittelpunkt
		28.284	Radius
41	80.000	30.756	Kreispunkte
42	30.756	80.000	
43	129.244	80.000	
2	80.000	80.000	Mittelpunkt
		49.244	Radius
201	32.434	67.254	Schnittpunkt
202	67.254	32.434	Schnittpunkt

8 Azimut und Entfernung

Das Azimut (oder auch Richtungswinkel) ist der Winkel, den eine Strecke P_0P_i mit einer Parallelen zur Abszissenachse X bildet. Er wird von Norden an im Uhrzeigersinne gezählt, wobei alle Werte von 0 bis 400 Gon bzw. 0 bis 360 Grad vorkommen.

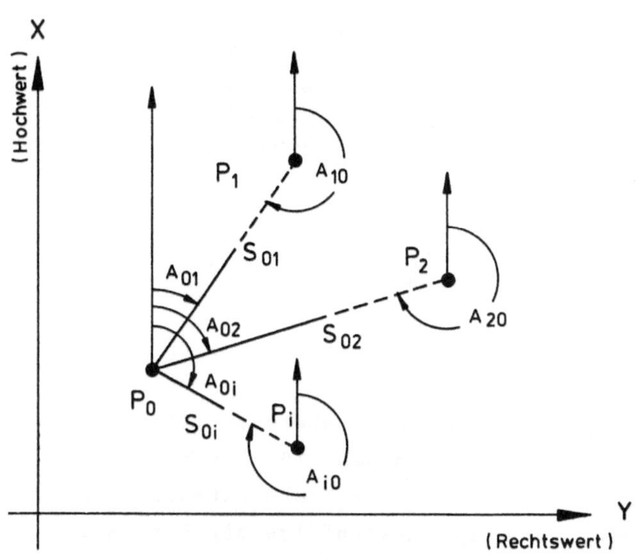

Abb. 8 Azimut oder Richtungswinkel

Gegeben: - Koordinaten der Punkte P_0, P_1, ... P_i im X-Y-Koordinatensystem.

Gesucht: - Azimut A_{0i} und Entfernung S_{0i}

Formelzusammenstellung

Azimut im Punkt P_0

$$\Delta Y = (Y_i - Y_0) \quad ; \quad \Delta X = (X_i - X_0) \qquad (1)$$

$$A = \arctan\left(\frac{|\Delta Y|}{|\Delta X|}\right) \qquad (2)$$

$| \;|$ Absolutwert von Y und X ; R = 90 Grad bzw. 100 Gon

Das Azimut A_{0i} ergibt sich für die Lage in den einzelnen Quadranten aus nachfolgender Tabelle 2

ΔY	+	+	-	-
ΔX	+	-	-	+
A_{0i} =	A	2R-A	2R+A	4R-A

Entfernung S_{0i}

$$S_{0i} = \sqrt{\Delta Y^2 + \Delta X^2} \qquad (3)$$

Dateneingabe

Die Dateneingabe erfolgt hier im Programmbeispiel als Datensatz am Ende des Programms. Das Programm 10 ist so dimensioniert, daß bis zu 50 Punkt-Nr. und Koordinatenpaare bearbeitet werden können, wobei die Reihenfolge der Punkte beliebig ist. Der Datenabschluß muß mit -1,-1,-1 erfolgen.
Nach dem Starten des Programms erfolgt die INPUT-Anweisung "Punkt Nr. - Vektor .... ", hier wird die Eingabe der Punkt-Nr. für den Punkt P_0 gefolgt durch die nachfolgenden Punkt-Nummern der Punkte P_1 .... P_i erwartet. Die einzelnen Punkt-Nummern sind durch einen Schrägstrich (/) zu trennen.
zB. 10/12/44/1002

Eingabe - Datenstruktur

INPUT Pkt.-Nr. Vektor P0/P1/....Pi..../Pm

Steuerparameter Grad oder Gon	Grad = 1 Gon = 2	Text max. 30 Z.

Punkt-Nr. und Koordinaten eines Punktfeldes in beliebiger Reihenfolge max. 50 Punkte			
	P_1	Y_1	X_1
	P_i	Y_i	X_i
	⋮	⋮	⋮
	P_m	Y_m	X_m

Datenabschluß	-1	-1	-1

Programmausdruck:

```
100 ! Azimut und Entfernung
110 !
120 DIM Y(50),X(50),A(20),S(20)
130 DIM A$[80],B$[80]
140 INTEGER P(50),P1(20)
150 OPTION ANGLE DEGREES
160 F=1 @ W2=180
170 READ F1,A$
180 IF F1=1 THEN 200
190 F=9/10 @ W2=200
200 FOR I=1 TO 50
210 READ P(I),Y(I),X(I)
220 IF P(I)=-1 THEN 240
230 NEXT I
240 N=I-1
250 ! ----------- Punkt Nr. Vektor ----------
260 B$="" @ KO=1
270 INPUT " Punkt Nr. Vektor ...   ",B$;B$
280 N1=0 @ J=1 @ LO=LEN(B$)
290 FOR I=J TO LO
300 IF B$[I,I]="/" THEN 320
310 NEXT I
320 N1=N1+1
330 P1(N1)=VAL(B$[J,I-1])
340 IF P1(N1)=-1 THEN 630
350 J=I+1
360 IF I<=LO THEN 290
370 ! ------------ Suchroutine --------
380 FOR I1=KO TO N1
390 IF I1=2 THEN GOSUB 840
400 F2=0 @ K=1 @ M=INT(N/2)+K
410 FOR I=K TO M
420 IF P1(I1)=P(I) THEN 490
430 NEXT I
440 K=M+1 @ M=INT((N-K)/2)+K
450 IF K<=M THEN 410
460 IF I1=1 THEN BEEP @ DISP "Standpunkt ";P1(I1);" nicht vo
rhanden" @ GOTO 270
470 DISP "Punkt ";P1(I1);" nicht vorhanden" @ BEEP
480 GOTO 580
490 IF I1#1 THEN 510
500 Y1=Y(I) @ X1=X(I) @ GOTO 580
510 Y2=Y(I) @ X2=X(I)
520 GOSUB 730
530 IF F1=2 THEN 560
540 Z=A @ GOSUB 700
550 A=Z
560 PRINT USING 570 ; P(I),A,S
570 IMAGE 12x,4d, 7x,3d.4d, 7x,4d.3d
580 NEXT I1
590 IF F1=2 THEN 620
600 PRINT USING 610 ; "Azimut in Grad. Min und sek !"
610 IMAGE /,10x,40a,//
620 PRINT @ PRINT @ GOTO 260
630 DISP "Programmlauf Ende"
640 STOP
```

```
650 ! ---------------- Winkeldezimale -------
660 Z1=INT(Z) @ Z2=(Z-Z1)*100 @ Z3=INT(Z2)
670 Z4=(Z2-Z3)*100 @ Z=Z1+(Z3+Z4/60)/60
680 RETURN
690 ! ------------ Umrechn. in grad.min.sek -------
700 Z1=INT(Z) @ Z2=FP(Z) @ Z3=Z2*60
710 Z4=INT(Z3) @ Z5=FP(Z3)*60 @ Z=Z1+Z4/100+Z5/10000
720 RETURN
730 ! ------------ Subr. RiWi -----------
740 Y0=Y2-Y1 @ X0=X2-X1
750 IF Y0=0 THEN Y0=.000001
760 IF X0=0 THEN X0=.000001
770 A=ATN(ABS(Y0)/ABS(X0))/F
780 IF Y0>0 AND X0<0 THEN A=W2-A
790 IF Y0<0 AND X0<0 THEN A=A+W2
800 IF Y0<0 AND X0>0 THEN A=2*W2-A
810 S=SQR(Y0^2+X0^2)
820 IF ABS(S<=.0001) THEN A=0
830 RETURN
840 ! ------------ Ausdruck ----------
850 PRINT USING 860 ; "Azimut und Entfernung",A$
860 IMAGE 10x,30a,20a
870 PRINT USING 880 ; "Standpunkt  ";P1(1)
880 IMAGE 10x,20a,5d
890 PRINT USING 900
900 IMAGE 10x,40("-"),/
910 PRINT USING 920 ; "Punkt Nr.      Azimut        Entfernung
 "
920 IMAGE 10x,40a,/
930 RETURN
940 ! ------------ daten -----------
950 DATA 1,"Borde seco"
960 DATA 1,20675.884,58193.888
970 DATA 11,20499.37,56126.191
980 DATA 24,20080.984,54777.66
990 DATA 1001,20102,55107
1000 DATA 1002,20580,54613
1010 DATA -1,-1,-1
```

Berechnungsbeispiel:

```
Azimut und Entfernung           Borde seco
Standpunkt                 1001
----------------------------------------

Punkt Nr.        Azimut           Entfernung

     1          10.3154          3139.780
    11          21.1801          1093.916
  1002         135.5635           687.401
    24         183.3904           330.010

Azimut in Grad. Min und sek !


Azimut und Entfernung           Borde seco
Standpunkt                 1001
----------------------------------------

Punkt Nr.        Azimut           Entfernung

     1          11.7018          3139.780
    11          23.6669          1093.916
  1002         151.0478           687.401
    24         204.0569           330.010

Azimut und Entfernung           Borde seco
Standpunkt                 1002
----------------------------------------

Punkt Nr.        Azimut           Entfernung

    24         320.2903           525.481
  1001         351.0478           687.401
    11         396.6110          1515.338
```

9 Abriß

Beim Abriß oder auch Stationsorientierung werden die beobachteten Richtungen R_i mit Hilfe gerechneter Azimute (Richtungswinkel) A_i eingepaßt. Man berechnet aus der Summe der Differenzen $A_i - R_i$ als arithmetrisches Mittel die Orientierungsunbekannte Q. Durch Addition der Orientierungsunbekannten mit den beobachteten Richtungen R_i erhält man die orientierten Azimute auf der Station.

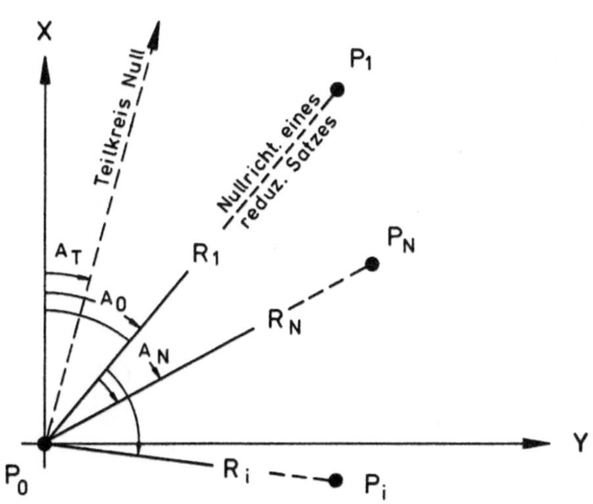

Abb. 9 Orientierung von Azimuten

Gegeben: - Koordinaten X,Y der Punkte P_0, P_1, P_i, P_N

- Beobachtete Richtungen R_1, ... R_i, R_N

Gesucht: - Die orientierten Azimute (Richtungen) zum Neupunkt P_N

Formelzusammenstellung

Zuerst erfolgt die Berechnung der Azimute bzw. Richtungswinkel aus den Koordinatenunterschieden der Punkte P_0 und P_i nach den Formeln (1) und (2) des Abschnitts 8

Bilden der Differenzen aus dem Azimut und der beobachteten Richtung.

$$\varphi_i = A_i - R_i \qquad (1)$$

Orientierungsunbekannte

$$\varphi = \frac{[A_i - R_i]}{n} \qquad (2)$$

Bilden der orientierten Azimute

$$A_i^o = R_i + \varphi \qquad (3)$$

Orientiertes Azimut zum Neupunkt P_N

$$A_N^o = R_N + \varphi \qquad (4)$$

Verbesserungen v_i und Standardabweichung

$$v_i = A_i - A_i^o \quad ; \quad \sigma = \sqrt{\frac{[vv]}{n(n-1)}} \qquad (5)$$

Eingabe - Datenstruktur 9

INPUT Anzahl der Datensätze N1

Steuerparameter	Grad = 1 Gon = 2	Text .... max. 30 Z.

Standpunkt	P_0	Y_0	X_0	-1
Anschlußpunkte	P_1	Y_1	X_1	R_1
	⋮	⋮	⋮	⋮
	P_i	Y_i	X_i	R_i
Neupunkte N_I	P_N	-1	-1	R_N
Datenabschluß	-1	-1	-1	-1

Programmausdruck:

```
100 ! Abriss oder Stationsausgleichung
110 DIM Y(20),X(20),A(20),R(20),RO(20),T(20)
120 DIM A$[40],B$[40]
130 INTEGER I,N,F1,P(20)
140 OPTION ANGLE DEGREES
150 A,J=0 @ B,F=1 @ W2=180
160 B$="Orientierungsunbekannte "
170 INPUT "Anzahl der Datensaetze  ";N1
180 FOR L=1 TO N1
190 ! ------------- Einlesen der Daten -----------
200 READ F1,A$ !                Parameter Alt o. Neugrad
210 IF F1=1 THEN 240
220 J=0
230 F=9/10 @ W2=200
240 DISP "Abriss ....... ";L
250 FOR I=1 TO 99
260 READ P(I),Y(I),X(I),Z
270 IF F1=1 THEN GOSUB 840
280 R(I)=Z
290 IF P(I)=-1 THEN 340
300 IF Y(I)#-1 THEN 320
310 J=J+1 @ K(J)=I
320 NEXT I
330 ! ------------ Berechnung der Azimute ------------
340 N=I-1 @ Q=0
350 FOR I=2 TO N
360 IF I=K(J) THEN 410
370 GOSUB 910
380 T(I)=A(I)-R(I)
390 IF T(I)<0 THEN T(I)=T(I)+2*W2
400 Q=Q+T(I)
410 NEXT I
420 ! ----------------- Orientierungsunbekannte ----------
430 Q=Q/(N-1-J)
440 GOSUB 700
450 J=1
460 FOR I=2 TO N
470 RO(I)=R(I)+Q
480 IF RO(I)>2*W2 THEN RO(I)=RO(I)-2*W2
490 !    Umspeichern fuer die Routine  Grad. Min. sek
500 IF F1=2 THEN 560
510 Z=A(I) @ GOSUB 880
520 A(I)=Z @ Z=R(I) @ GOSUB 880
530 R(I)=Z @ T(I)=Z @ GOSUB 880
540 T(I)=Z @ Z=RO(I) @ GOSUB 880
550 RO(I)=Z
560 IF I=K(J) THEN 640
570 V=A(I)-RO(I)
580 IF F1=2 THEN 610
590 Z=V @ GOSUB 880
600 V=Z
610 PRINT USING 620 ; P(I),A(I),R(I),T(I),RO(I),V
620 IMAGE 5x,5d,4(3x,3d.4d),2x,dz.4d
630 GOTO 660
640 PRINT USING 650 ; P(I),R(I),RO(I)
```

```
650 IMAGE 5x,5d,2(14x,3d.4d)
660 NEXT I
670 PRINT @ PRINT @ PRINT
680 NEXT L
690 STOP
700 ! -------------------- Ausdruck -------------
710 C$[1,19]="Abriss      Punkt" @ C$[20,25]=STR$(P(1))
720 PRINT USING 730 ; "Abriss   Punkt ",P(1),A$
730 IMAGE 5x,16a,5d,3x,30a
740 PRINT USING 750 ; B$,Q
750 IMAGE 5x,40a,3d.4d
760 PRINT USING 770
770 IMAGE 5x,60("-"),/
780 PRINT USING 800 ; "Punkt      Azimut   Richtung       A-r
     Orient.        v"
790 PRINT USING 800 ; "  Nr.          A         r
     Azimut"
800 IMAGE 5x,60a
810 PRINT
820 RETURN
830 ! ---------------- Winkeldezimale -------
840 Z1=INT(Z) @ Z2=(Z-Z1)*100 @ Z3=INT(Z2)
850 Z4=(Z2-Z3)*100 @ Z=Z1+(Z3+Z4/60)/60
860 RETURN
870 ! ------------ Umrechn. in grad.min.sek -------
880 Z1=INT(Z) @ Z2=FP(Z) @ Z3=Z2*60
890 Z4=INT(Z3) @ Z5=FP(Z3)*60 @ Z=Z1+Z4/100+Z5/10000
900 RETURN
910 ! ------------- Subr. RiWi -----------
920 Y1=Y(I)-Y(1) @ X1=X(I)-X(1)
930 IF Y1=0 THEN Y1=.000001
940 IF X1=0 THEN X1=.000001
950 A=ATN(ABS(Y1)/ABS(X1))/F
960 IF Y1>0 AND X1<0 THEN A=W2-A
970 IF Y1<0 AND X1<0 THEN A=A+W2
980 IF Y1<0 AND X1>0 THEN A=2*W2-A
990 A(I)=A
1000 RETURN
1010 ! --------------- daten --------
1020 DATA 2,"Franzsches Feld"
1030 DATA 200,179.2,352.69,-1
1040 DATA 100,0,500,0
1050 DATA 1,-1,-1,71.153
1060 DATA -1,-1,-1,-1
1070 !
1080 DATA 2,"Neupunkt 501"
1090 DATA 100,48565.2,6059,-1
1100 DATA 1,48177.62,6531.28,356.2465
1110 DATA 2,49600.15,7185.19,47.3114
1120 DATA 3,49830.93,5670.69,118.9497
1130 DATA 501,-1,-1,0
1140 DATA -1,-1,-1,-1
```

Berechnungsbeispiel:

Abriss Punkt 200 Franzsches Feld
Orientierungsunbekannte 343.8018

Punkt Nr.	Azimut A	Richtung r	A-r	Orient. Azimut	v
100	343.8018	0.0000	343.8018	343.8018	0.0000
1		71.1530		14.9548	

Abriss Punkt 100 Neupunkt 501
Orientierungsunbekannte .0025

Punkt Nr.	Azimut A	Richtung r	A-r	Orient. Azimut	v
1	356.2508	356.2465	.0043	356.2490	0.0018
2	47.3139	47.3114	.0025	47.3139	-0.0000
3	118.9504	118.9497	.0007	118.9522	-0.0018
501		0.0000		.0025	

10 Polare Kleinpunkte

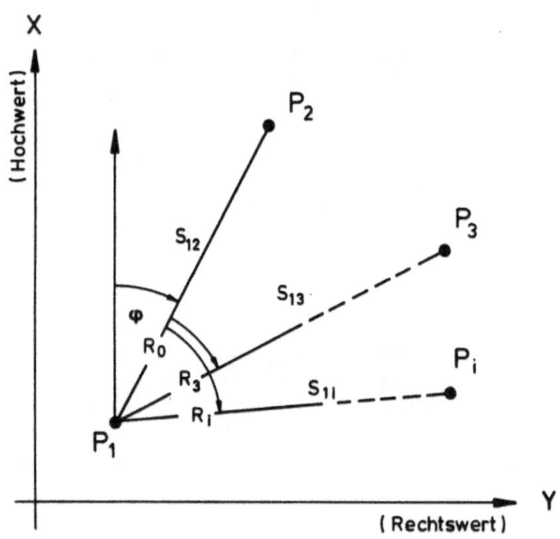

Abb. **10** Polaraufnahme auf einem Festpunkt

Gegeben:
- Koordinaten der Punkte P_1 und P_2
- Richtung R_0 und Horizontalstrecke S_{12} zum Anschlußpunkt P_2
- Richtungen und Horizontalstrecken R_i und S_{1i}

Gesucht:
- Koordinaten der Objektpunkte P_i (X_i ; Y_i)

Eingabe - Datenstruktur **10**

Steuerparameter	1 = Grad 2 = Gon	Text

Standpunkt	P_1	Y_1	X_1
Anschlußpunkt	P_2	Y_2	X_2
	P_2	R_0	S_{12}
Objektpunkte	P_i	R_i	S_{1i}
Daten END	- 1	- 1	- 1

Formelzusammenstellung

Orientierungsunbekannte

$$\varphi = \tan \frac{Y_2 - Y_1}{X_2 - X_1} \qquad (1)$$

$$A_i = \varphi + (R_i - R_0)$$

Koordinaten

$$X_i = X_1 + m \cdot S_{1i} \cdot \cos(A_i) \qquad (2)$$

$$Y_i = Y_1 + m \cdot S_{1i} \cdot \sin(A_i) \qquad (3)$$

mit

$$m = S/S_{12}$$

$$S = \sqrt{(X_2 - X_1)^2 + (Y_2 - Y_1)^2}$$

Programmausdruck:

```
100 ! Polare Kleinpunktbestimmung mit einer
110 !  Anschlussrichtung und Horizontalstrecken
120 !
130 DIM Y(50),X(50),R(50),S(50)
140 DIM A$[80],B$[80]
150 INTEGER P(50)
160 OPTION ANGLE DEGREES
170 F=1 @ W2=180 @ R(1),S(1)=0
180 READ F1,A$
190 IF F1=1 THEN 210
200 F=9/10 @ W2=200
210 READ P(1),Y(1),X(1)
220 READ P(2),Y(2),X(2)
230 GOSUB 520
240 FOR I=2 TO 99
250 READ P(I),R(I),S(I)
260 IF P(I)=-1 THEN 390
270 IF I=2 THEN M=S/S(2)
280 IF F1=2 THEN 320
290 Z=R(I)
300 GOSUB 440
310 R(I)=Z
320 R=R(I)-R(2)
330 IF R<0 THEN R=R+360
340 A1=A+R
350 IF A1>=360 THEN A1=A1-360
360 X(I)=X(1)+M*S(I)*COS(A1)
370 Y(I)=Y(1)+M*S(I)*SIN(A1)
380 NEXT I
390 N=I-1
400 GOSUB 660
410 GOSUB 740
420 STOP
430 ! -----------------------------------------------------
440 Z1=INT(Z) @ Z2=(Z-Z1)*100 @ Z3=INT(Z2)
450 Z4=(Z2-Z3)*100 @ Z=Z1+(Z3+Z4/60)/60
460 RETURN
470 !
480 Z1=INT(Z) @ Z2=FP(Z) @ Z3=Z2*60
490 Z4=INT(Z3) @ Z5=FP(Z3)*60 @ Z=Z1+Z4/100+Z5/10000
500 RETURN
510 ! ------------- Subr. RiWi -----------
520 Y0=Y(2)-Y(1) @ X0=X(2)-X(1)
530 IF Y0=0 THEN Y0=.000001
540 IF X0=0 THEN X0=.000001
550 A=ATN(ABS(Y0)/ABS(X0))/F
560 IF Y0>0 AND X0<0 THEN A=W2-A
570 IF Y0<0 AND X0<0 THEN A=A+W2
580 IF Y0<0 AND X0>0 THEN A=2*W2-A
590 S=SQR(Y0^2+X0^2)
600 IF ABS(S<=.0001) THEN A=0
610 RETURN
620 ! ------------ Ausdruck ----------
630 IF F1=1 THEN 660
640 Z=A @ GOSUB 480
650 A=Z
```

```
660 PRINT TAB(11);"Polare Kleinpunktbestimmung   ";A$
670 PRINT USING 680 ; "Orientierungsunbekannte  ";A
680 IMAGE 10x,30a,4d.4d
690 PRINT USING 700
700 IMAGE 10x,60("-")
710 PRINT TAB(11);"Punkt   Richtung   Strecke  Rechtswert
 Hochwert   Punkt"
720 PRINT
730 RETURN
740 FOR I=1 TO N
750 IF I=3 THEN PRINT
760 PRINT USING 770 ; P(I),R(I),S(I),Y(I),X(I),P(I)
770 IMAGE 10x,5d,3x,2(4d.3d,2x),2(6d.3d,2x), x,5d
780 NEXT I
790 PRINT @ PRINT
800 RETURN
810 ! ------------ daten -----------
820 DATA 1,"borde seco"
830 DATA 2,1000,2160.33
840 DATA 1,1000,2000
850 DATA 1,0,160.2
860 DATA 101,356.4114,159.94
870 DATA 102,354.3154,104.03
880 DATA 110,273,35.42
890 DATA 114,240.2354,72.81
900 DATA 127,112.3834,18.75
910 DATA 122,3.1831,37.76
920 DATA 3,115.5403,123.09
930 DATA -1,-1,-1
```

Berechnungsbeispiel:

```
Polare Kleinpunktbestimmung   borde seco
Orientierungsunbekannte        180.0000
```

Punkt	Richtung	Strecke	Rechtswert	Hochwert	Punkt
2	0.000	0.000	1000.000	2160.330	2
1	0.000	160.200	1000.000	2000.000	1
101	356.687	159.940	1009.250	2000.528	101
102	354.532	104.030	1009.922	2056.689	102
110	273.000	35.420	1035.400	2158.475	110
114	240.398	72.810	1063.358	2196.325	114
127	112.643	18.750	982.681	2167.554	127
122	3.309	37.760	997.819	2122.602	122
3	115.901	123.090	889.184	2214.141	3

11 Orthogonale Kleinpunkte

Bei der Berechnung orthogonaler Kleinpunkte werden die im allgemeinen durch Messungen bestimmten Ordinaten und Abszissen der Punkte P_i des lokalen U-V- Koordinatensystems in ein übergeordnetes X-Y- Koordinatensystem transformiert.
Die Punkte P_1 und P_2 müssen dabei in beiden Systemen bekannt sein.

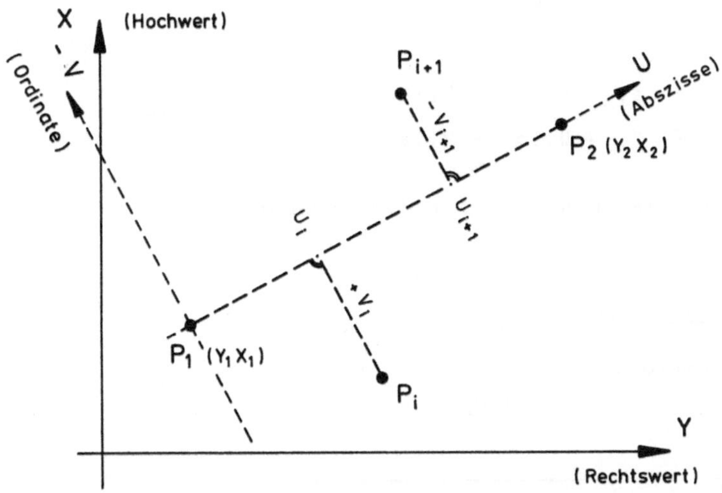

Abb. 11 Messungslinie mit seitwärtsliegenden Kleinpunkten

Gegeben:
- Koordinaten der Punkte P_1 und P_2 im X-Y-System und im U-V-System.
- Strecke $S_1 = P_1P_2$
- Koordinaten der Punkte P_i (U_i,V_i) im lokalen System

Gesucht:
- Koordinaten der Punkte P_i

Formelzusammenstellung

$$D_1 = Y_2 - Y_1 \quad , \quad D_2 = X_2 - X_1 \qquad (1)$$

Gerechnete Strecke

$$S_2 = D_1^2 + D_2^2 \qquad (2)$$

$$D = S_2 - S_1 \qquad (3)$$

Transformationsparameter o und a

$$o = D_1/S_1 \quad , \quad a = D_2/S_1 \qquad (4)$$

Koordinaten der Kleinpunkte P_i

$$X_i = X_1 + U_i.a - V_i.o$$
$$Y_i = Y_1 + U_i.o + V_i.a \qquad (5)$$

Bei $V_i = 0$ liegt der Punkt P_i auf der Geraden $P_1 P_2$

Eingabe - Datenstruktur **11**

INPUT gemessenes Maß in $P_1 = S_0$, in $P_2 = S_9$ $S_1 = S_9 - S_0$

DATA

Text C max. 25 Zeichen		
P_1	Y_1	X_1
P_2	Y_2	X_2
P_i	V_i	U_i
P_{i+1}	V_{i+1}	U_{i+1}
- 1	- 1	- 1

Abschluß Datensatz J

Programmausdruck:

```
100 REM Orthogonale Kleinpunkte
110 REM
120 DIM P(35),Y(35),X(35),U(30),V(30),C$[35]
130 INPUT "Anzahl der Datensaetze... ";N1
140 FOR I1=1 TO N1
150 READ C$
160 FOR I=1 TO 2
170 READ P(I),Y(I),X(I)
180 NEXT I
190 INPUT "Anfangs -, Endmass.... ";S0,S9
200 S1=S9-S0
210 D1=Y(2)-Y(1) @ D2=X(2)-X(1)
220 S2=SQR(D1^2+D2^2)
230 D=S2-S1 @ O=D1/S1 @ A=D2/S1
240 GOSUB 450
250 FOR I=3 TO 99
260 READ P(I),U(I),V(I)
270 IF P(I)=-1 THEN 290
280 NEXT I
290 N=I-1
300 U(1),U(2)=0 @ V(1)=S0 @ V(2)=S9
310 PRINT USING 370 ; P(1),U(1),V(1),Y(1),X(1)
320 PRINT
330 FOR J=3 TO N
340 Y(J)=Y(1)+V(J)*O+U(J)*A
350 X(J)=X(1)+V(J)*A-U(J)*O
360 PRINT USING 370 ; P(J),U(J),V(J),Y(J),X(J)
370 IMAGE 11x,5d,2(3x,5d.3d),2x,2(3x,6d.3d)
380 NEXT J
390 PRINT
400 PRINT USING 370 ; P(2),U(2),V(2),Y(2),X(2)
410 PRINT @ PRINT @ PRINT
420 NEXT I1
430 GOTO 590
440 REM ------------- Ausdruck ---------
450 PRINT USING 460 ; "Orthogonale Kleinpunkte",C$
460 IMAGE 10x,30a,25a
470 PRINT USING 480
480 IMAGE 10x,58("-"),/
490 PRINT USING 510 ; "Anlegemass Pkt.",P(1),S0
500 PRINT USING 510 ; "Endmass     Pkt.",P(2),S9
510 IMAGE 10x,15a,5d,x,5d.3d
520 PRINT USING 530 ; "Gerechnete Strecke ";S2
530 IMAGE /,10x,21a,5d.3d
540 PRINT USING 550 ; "Gemessene  Strecke ";S1;"      Differe
nz ";D
550 IMAGE 10x,21a,5d.3d,16a,dz.3d,/
560 PRINT USING 570 ; "Pkt.Nr.     Ordinate","Abszisse","Rech
tswert","Hochwert"
570 IMAGE 10x,19a,4x,8a,4x,10a,5x,8a,/
580 RETURN
590 END
600 REM --------- Datensaetze --------
610 DATA "Farmsen 68"
620 DATA 2,72558.4,42426.88
630 DATA 5,72619.74,42430.8
```

```
640 DATA 20,-1.95,9.78
650 DATA 21,5.13,15.44
670 DATA 24,13.78,54.8
680 DATA 25,-3.44,58.91
690 DATA -1,-1,-1
700 DATA "Farmsen  Messungslinie 12"
710 DATA 2109,72669.143,42266.276
720 DATA 2110,72714.402,42304.159
730 DATA 33,0,32.68
740 DATA 34,-3.46,37.18
750 DATA 35,2.8,43.68
760 DATA -1,-1,-1
```

Berechnungsbeispiel:

```
Orthogonale Kleinpunkte          Farmsen 68
--------------------------------------------------------------

Anlegemass Pkt.    2      0.000
Endmass    Pkt.    5     61.450

Gerechnete Strecke       61.465
Gemessene  Strecke       61.450       Differenz    0.015

Pkt.Nr.      Ordinate     Abszisse     Rechtswert       Hochwert

     2          0.000        0.000      72558.400      42426.880

    20         -1.950        9.780      72568.038      42429.450
    21          5.130       15.440      72574.140      42422.744
    24         13.780       54.800      72613.981      42416.620
    25         -3,440       58.910      72616.985      42434.072

     5          0.000       61.450      72619.740      42430.800


Orthogonale Kleinpunkte          Farmsen  Messungslinie 12
--------------------------------------------------------------

Anlegemass Pkt. 2109     30.690
Endmass    Pkt. 2110     89.730

Gerechnete Strecke       59.021
Gemessene  Strecke       59.040       Differenz   -0.019

Pkt.Nr.      Ordinate     Abszisse     Rechtswert       Hochwert

  2109          0.000       30.690      72669.143      42266.276

    33          0.000       32.680      72694.195      42287.245
    34         -3.460       37.180      72695.424      42292.785
    35          2.800       43.680      72704.424      42292.157

  2110          0.000       89.730      72714.402      42304.159
```

12 Vorwärtsschnitt über Dreieckswinkel

In vielen Fällen besteht die Aufgabe von zwei koordinatenmäßig bekannten Punkten P_1 und P_2 oder einer Basis B aus Neupunkte P_i mit Hilfe von Winkeln zu bestimmen. Eine eindeutige Lösung ist durch den Schnittpunkt zweier Geraden gegeben.

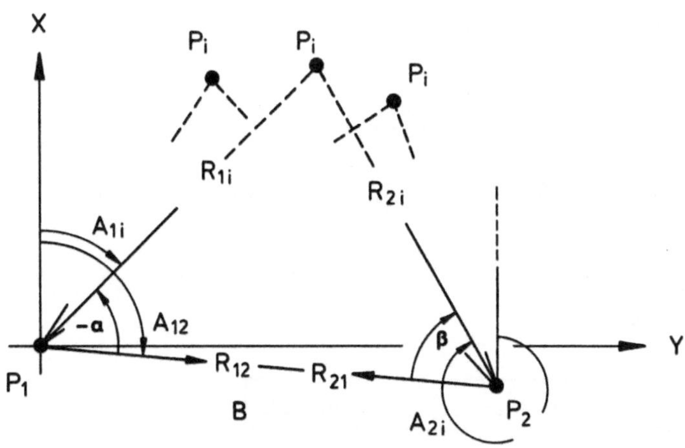

Abb **12** Vorwärtsschnitt mit zwei Winkeln

Gegeben: - Koordinaten der Punkte $P_1(Y_1, X_1)$; $P_2(Y_2, X_2)$
oder Basis B, dann $P_1(0\ ,0\ )$; $P_2(B\ ,0\ )$
- Richtungssatz auf P_1(R_{12} ..... R_{1i})
- Richtungssatz auf P_2(R_{21}...... R_{2i})
bzw. Dreieckswinkel **$-\alpha$** und **β** .

Gesucht: - Koordinaten der Punkte P_i

Formelzusammenstellung

Geradengleichungen

$$Y_i - Y_1 = \tan(A_{1i}) \cdot (X_i - X_1) \qquad (1)$$

$$Y_i - Y_2 = \tan(A_{2i}) \cdot (X_i - X_2) \qquad (2)$$

mit $A_{1i} = A_{12} -$ und $A_{2i} = A_{21} +$

sind die beiden Gleichungen

$$\Delta X = \frac{(Y_2 - Y_1) - (X_2 - X_1) \cdot \tan(A_{2i})}{\tan(A_{1i}) - \tan(A_{2i})} \qquad (3)$$

$$\Delta Y = \Delta X \cdot \tan(A_{1i}) \qquad (4)$$

aufzulösen.

Die Koordinaten des Punktes P_i ergeben sich zu:

$$Y_i = Y_1 + \Delta Y \quad ; \quad X_i = X_1 + \Delta X \qquad (5)$$

Eingabe - Datenstruktur 12

Steuerparameter	Grad = 1 Gon = 2	Text .... max. 30 Z.

Punkt				
Punkt links	P_1	Y_1	X_1	R_{12}
Punkt rechts	P_2	Y_2	X_2	R_{21}

Anzahl der Neupunkte	N

Neupunkte			
	P_i	R_{1i}	R_{2i}
	⋮	⋮	⋮
	P_N	R_{1N}	R_{2N}

Programmausdruck:

```
100 ! Vorwaertsschnitt ueber Dreieckswinkel
110 !
120 DIM Y(30),X(30),R1(30),R2(30)
130 INTEGER P(30),F1,I,J,L,M,N
140 DIM A$[40],C$[40]
150 OPTION ANGLE DEGREES
160 A=0 @ F=1 @ W2=180 @ R0=W2/PI
170 A$="Vorwaertschnitt"
180 INPUT "Anzahl der Datenseatze:  ";N1
190 FOR J1=1 TO N1
200 ! ---------------- Einlesen der Daten -----------------
-
210 READ F1,C$
220 DISP C$
230 IF F1=1 THEN 250
240 F=.9 @ W2=200 @ R0=200/PI
250 READ P(1),Y(1),X(1),R1(2)
260 READ P(2),Y(2),X(2),R2(2)
270 READ N
280 FOR I=3 TO N+2
290 READ P(I),R1(I),R2(I)
300 NEXT I
310 ! ---------------
320 IF F1>1 THEN 390
330 FOR I=2 TO N+1
340 Z=R1(I) @ GOSUB 890
350 R1(I)=Z
360 Z=R2(I) @ GOSUB 890
370 R2(I)=Z
380 NEXT I
390 ! ---------------- Koordinatenberechnung --------------
-
400 GOSUB 970
410 T8=A @ T9=T8+W2
420 IF T9>2*W2 THEN T9=T9-2*W2
430 FOR I=3 TO N+2
440 T1=T8+(R1(I)-R1(2))
450 IF T1<0 THEN T1=T1+2*W2
460 IF T1>2*W2 THEN T1=T1-2*W2
470 T2=T9+(R2(I)-R2(2))
480 T1=T1*F @ T2=T2*F
490 T=TAN(T1)-TAN(T2)
500 X1=(Y(2)-Y(1)-(X(2)-X(1))*TAN(T2))/T
510 Y(I)=Y(1)+X1*TAN(T1)
520 X(I)=X(1)+X1
530 NEXT I
540 ! ---------------
550 IF F1>1 THEN 620
560 FOR I=2 TO N+1
570 Z=R1(I) @ GOSUB 930
580 R1(I)=Z
590 Z=R2(I) @ GOSUB 930
600 R2(I)=Z
610 NEXT I
620 ! ------------------- Ausdruck -------------------------
630 PRINT USING 640 ; "Projekt:  ";C$
```

```
640 IMAGE 10x,10a,40a
650 PRINT USING 660 ; A$;" von Punkt ";P(1);" und Punkt ";P(
2)
660 IMAGE 10x,20a,10a,5d,11a,5d
670 PRINT USING 680 ; "Basislaenge  ";B;" m"
680 IMAGE 10x,13a,5d.3d,3a
690 PRINT USING 700
700 IMAGE 10x,57("-")
710 PRINT USING 720 ; "Punkt-         Richtung von         Recht
swert       Hochwert"
720 IMAGE 10x,60a
730 PRINT USING 740 ; "   Nr";P(1);P(2)
740 IMAGE 10x,4a,6x,5d,5x,5d
750 PRINT USING 700
760 PRINT
770 PRINT USING 780 ; P(1),R2(2),Y(1),X(1)
780 IMAGE 10x,5d,14x,3d.4d,6x,5d.3d,5x,5d.3d
790 PRINT USING 800 ; P(2),R1(2),Y(2),X(2)
800 IMAGE 10x,5d,3x,3d.4d,17x,5d.3d,5x,5d.3d
810 PRINT
820 FOR I=3 TO N+2
830 PRINT USING 840 ; P(I),R1(I),R2(I),Y(I),X(I)
840 IMAGE 10x,5d,2x,4d.4d,3x,3d.4d,x,2(5x,5d.3d)
850 NEXT I
860 PRINT @ PRINT
870 NEXT J1
880 STOP
890 ! ---------------- Winkeldezimale -------
900 Z1=INT(Z) @ Z2=(Z-Z1)*100 @ Z3=INT(Z2)
910 Z4=(Z2-Z3)*100 @ Z=Z1+(Z3+Z4/60)/60
920 RETURN
930 ! ------------ Umrechn. in grad.min.sek -------
940 Z1=INT(Z) @ Z2=FP(Z) @ Z3=Z2*60
950 Z4=INT(Z3) @ Z5=FP(Z3)*60 @ Z=Z1+Z4/100+Z5/10000
960 RETURN
970 ! ------------- Subr. RiWi -----------
980 Y0=Y(2)-Y(1) @ X0=X(2)-X(1)
990 IF Y0=0 THEN Y0=.000001
1000 IF X0=0 THEN X0=.000001
1010 A=ATN(ABS(Y0)/ABS(X0))/F
1020 IF Y0>0 AND X0<0 THEN A=W2-A
1030 IF Y0<0 AND X0<0 THEN A=A+W2
1040 IF Y0<0 AND X0>0 THEN A=2*W2-A
1050 B=SQR(Y0^2+X0^2)
1060 IF ABS(B<=.00001) THEN A=0
1070 RETURN
1080 ! ----------------- Daten ------------------------------
1090 DATA 2,*****
1100 DATA 1,0,0,0
1110 DATA 2,90,0,0
1120 DATA 5
1130 DATA 15,-120,28
1140 DATA 16,-60,60
1150 DATA 17,-20,130
1160 DATA 20,60,-60
1170 DATA 21,300,0
1180 ! ----------------------------------------------------
1190 DATA 2,*****
1200 DATA 10,100,100,0
1210 DATA 20,190,100,0
1220 DATA 4
1230 DATA 15,280,28
1240 DATA 16,340,60
1250 DATA 17,380,130
1260 DATA 20,60,340
```

Berechnungsbeispiel:

```
Projekt:  *****
Vorwaertschnitt          von Punkt     1 und Punkt      2
Basislaenge      90.000 m
----------------------------------------------------------
Punkt-        Richtung von         Rechtswert        Hochwert
  Nr            1         2
----------------------------------------------------------

    1                  0.0000           0.000           0.000
    2       0.0000                     90.000           0.000

   15    -120.0000    28.0000         -16.244          49.995
   16     -60.0000    60.0000          45.000          61.937
   17     -20.0000   130.0000         107.856          35.045
   20      60.0000   -60.0000          45.000         -61.937
   21     300.0000     0.0000            .000           -.000

Projekt:  *****
Vorwaertschnitt          von Punkt    10 und Punkt     20
Basislaenge      90.000 m
----------------------------------------------------------
Punkt-        Richtung von         Rechtswert        Hochwert
  Nr           10        20
----------------------------------------------------------

   10                  0.0000         100.000         100.000
   20       0.0000                    190.000         100.000

   15     280.0000    28.0000          83.756         149.995
   16     340.0000    60.0000         145.000         161.937
   17     380.0000   130.0000         207.856         135.045
   20      60.0000   340.0000         145.000          38.063
```

13 Vorwärtsschnitt mit Ausgleichung

Um einen Neupunkt P_N koordinatenmäßig zu bestimmen, mißt man auf zwei oder mehreren Festpunkten P_1, P_2, P_i Richtungen zu benachbarten Festpunkten. Die Lösung ist eindeutig, wenn auf zwei Punkten je ein Winkel zwischen einem Festpunkt und dem Neupunkt P_N bestimmt ist.
Bei einer Anzahl von überschüssigen Beobachtungen, wie aus nachfolgender Abbildung ersichtlich, lassen sich die Koordinaten des Neupunktes dann durch eine Ausgleichung berechnen. Hierbei werden die Formeln der Matrizenrechnung verwendet. Eine Lösung der Aufgabe ist auch dann möglich, wenn keine Überbestimmung vorliegt.

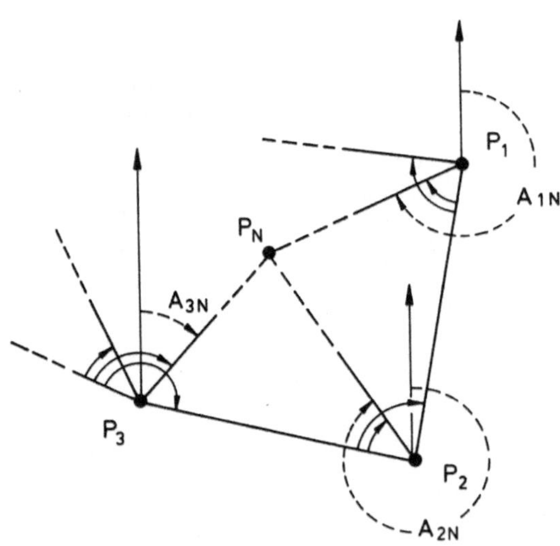

Abb. **13** Mehrfaches Vorwärtseinschneiden

Gegeben:
- Koordinaten der Punkte P_1, P_2, ... P_i
- Näherungskoordinaten für P_N (Y_o , X_o)

  Gemessene und nach Abschnitt 9 (Abriß) orientierte Richtungen bzw. Azimute A_{iN}

Gesucht:
- Ausgeglichene Koordinaten des Neupunktes P_N

Anmerkung zu den Näherungskoordinaten:
Bei groben Näherungswerten, z.B. aus einer maßstäblichen Zeichnung, ist eine wiederholte Anwendung der Ausgleichung zur Berechnung der endgültigen Koordinaten des Neupunktes notwendig. Ein Vergleich der neuen und zuvor berechneten Koordinaten zeigt, ob die Genauigkeit ausreicht.

Formelzusammenstellung

Allgemeine Fehlergleichung für eine Richtung

$$v_i = a_{i1} \cdot dy + a_{i2} \cdot dx - l_i \qquad (1)$$

Fehlergleichungen in Matrizenschreibweise

$$\mathbf{v} = \mathbf{A}\mathbf{x} - \mathbf{l} \qquad (2)$$

$\mathbf{v}$	=	Vektor der Verbesserungen	v_i
$\mathbf{A}$	=	Koeffizientenmatrix	a_{i1}, a_{i2}
$\mathbf{x}$	=	Vektor der Unbekannten	dy, dx
$\mathbf{l}$	=	Vektor der Absolutglieder	l_i

mit $$a_{i1} = \frac{(X_o - X_i)}{s_i^2} \cdot Rho \; ; \qquad a_{i2} = -\frac{(Y_o - Y_i)}{s_i^2} \cdot Rho$$

$$s_i^2 = (Y_o - Y_i) \cdot (X_o - X_i) \; ; \qquad Rho = 180 \text{ bzw. } 200/Pi$$

$$l_i = R_i - A \; ; \qquad A = \arctan \frac{(Y_o - Y_i)}{(X_o - X_i)}$$

Berechnung des Normalgleichungssystem

$$\mathbf{A}^T\mathbf{A} = \mathbf{N} \qquad (3) \qquad\qquad \mathbf{A}^T\mathbf{l} = \mathbf{n} \qquad (4)$$

$$\mathbf{x} = \mathbf{N}^{-1}\mathbf{n} \qquad (5)$$

Ausgleichungsprobe $$\mathbf{v}^T\mathbf{v} = -\mathbf{l}^T\mathbf{v} \qquad (6)$$

Die ausgeglichenen Koordinaten des Punktes P_N ergeben sich zu:

$$\bar{Y} = Y_o + dy \; ; \qquad \bar{X} = X_o + dx \qquad (7)$$

Eingabe - Datenstruktur 13

Steuerparameter	Grad = 1 Gon = 2	Text .... max. 30 Z

Neupunkt	P_N	Y_N	X_N	-1
Ausgangspunkte	P_1	Y_1	X_1	A_{1N}
	⋮	⋮	⋮	⋮
	P_i	Y_i	X_i	A_{iN}
Datensatzabschluß	- 1	- 1	- 1	- 1

Daten END	- 1	Ende

Programmausdruck:

```
10 ! Mehrfacher Vorwaertsschnitt mit Ausgleichung
20 ! A = Koeffizienten-Matrix
30 ! B = Transporn. A -Matrix
40 ! N = Matrix der Normalgleichnungen
50 DIM Y(10),X(10),R(10),A(20),L(10),A0(20)
60 DIM N0(10),N(4),N1(2),V(10)
70 DIM A$[80]
80 INTEGER P(10),F1,F2,I,I1,J,M,N,L,L1
90 OPTION ANGLE DEGREES
100 N=2 @ A=0 @ F=1 @ W2=180 @ R0=W2/PI
110 ! ------------   lesen der Daten -------
120 READ F1,A$
125 DISP A$
130 IF F1=-1 THEN 1030
140 IF F1=1 THEN 160
150 F=.9 @ W2=200 @ R0=200/PI
160 FOR I=1 TO 99
170 READ P(I),Y(I),X(I),Z
180 IF F1=1 THEN GOSUB 1050
190 R(I)=Z
200 IF P(I)=-1 THEN 230
210 NEXT I
220 ! ----------- Koeffizienten der A - Matrix -------
230 M=I-2 @ C1,Z0=0 @ N=2
240 FOR I=2 TO M+1
250 GOSUB 1090
260 Z0=Z0+2
270 A(Z0-1)=A1 @ B(I-1)=A1 @ A0(I-1)=A1
280 A(Z0)=A2 @ B(I-1+M)=A2 @ A0(I-1+M)=A2
300 L(I-1)=R(I)-A
310 NEXT I
400 ! ------------- N - Matrix ------------------
410 L,L1=M @ M=N @ F2=1
420 GOSUB 1190
430 FOR I=1 TO 4
440 N(I)=N0(I) @ NEXT I
450 ! ------------- n - Matrix ------------------
460 FOR I=1 TO L
470 A0(I)=L(I) @ NEXT I
480 M=1
490 GOSUB 1190
500 FOR I=1 TO 2
510 N1(I)=N0(I) @ NEXT I
520 ! ------------- Kehrmatrix N^-1 -------------
530 D1=N(1)*N(4)-N(2)*N(3)
540 IF D1<ABS(.0000001) THEN DISP "N - Matrix singulaer " @
GOTO 1030
550 D0=N(1) @ N(1)=N(4)/D1 @ N(4)=D0/D1
560 N(2)=N(2)/(-D1) @ N(3)=N(3)/(-D1)
570 FOR I=1 TO 4
580 A0(I)=N(I) @ NEXT I
590 FOR I=1 TO 2
600 B(I)=N1(I) @ NEXT I
610 M=2 @ L=2 @ N=1 @ F2=2
620 GOSUB 1200
```

```
630 Y0=N0(1) @ X0=N0(2) !          Unbekannte der Ausgl.
640 Y(1)=Y(1)+Y0 @ X(1)=X(1)+X0 !  Ausgegl. Koordinaten
650 FOR I=1 TO L1*2
660 A0(I)=A(I) @ NEXT I
670 B(1)=Y0 @ B(2)=X0
680 M=L1 @ L=2 @ N=1 @ F2=2
690 GOSUB 1200
700 ! ---------- Ausgleichungsprobe ------------
710 FOR I=1 TO L1
720 V(I)=N0(I)-L(I) @ NEXT I
730 V,V9=0
740 FOR I=1 TO L1
750 V=V+V(I)^2
760 V9=V9+V(I)*L(I)
770 NEXT I
790 ! ----------------- Ausdruck ---------------
800 PRINT USING 810 ; "Vorwaertsschnitt  Punkt ";P(1)
810 IMAGE 15x,25a,5d
820 PRINT USING 830 ; A$
830 IMAGE 15x,47a
840 PRINT USING 850
850 IMAGE 15x,47("-"),/
860 PRINT USING 870 ; "Punkt    Rechtswert      Hochwert   o
ri. Richt."
870 IMAGE ,15x,47a,/
880 FOR I=2 TO L1+1
890 PRINT USING 900 ; P(I),Y(I),X(I),R(I)
900 IMAGE 15x,5d,4x,2(6d.3d,4x),4d.4d
910 NEXT I
920 PRINT
930 PRINT USING 900 ; P(1),Y(1),X(1)
940 PRINT
950 N=L1
960 IF N<=2 THEN 1030
970 S0=V/(N-2)
980 M0=SQR(N(1)*S0+N(4)*S0)
990 PRINT USING 1000 ; "Mittlerer Punktfehler  ",M0," m"
1000 IMAGE 17x,23a,dz.3d,2a
1010 PRINT @ PRINT
1020 GOTO 120
1030 DISP "Programmlauf beendet" @ STOP
1040 ! ------------- Winkeldezimale -------------
1050 Z1=INT(Z) @ Z2=(Z-Z1)*100 @ Z3=INT(Z2)
1060 Z4=(Z2-Z3)*100 @ Z=Z1+(Z3+Z4/60)/60
1070 RETURN
1080 ! ------------- Subr. Riwi ----------------
1090 Y1=Y(1)-Y(I) @ X1=X(1)-X(I)
1100 IF Y1=0 THEN Y1=.000001
1110 IF X1=0 THEN X1=.000001
1120 A=ATN(ABS(Y1)/ABS(X1))/F
1130 IF Y1>0 AND X1<0 THEN A=W2-A
1140 IF Y1<0 AND X1<0 THEN A=A+W2
1150 IF Y1<0 AND X1>0 THEN A=2*W2-A
1160 S=Y1^2+X1^2
1170 A1=X1/S*R0 @ A2=(-Y1)/S*R0
1180 RETURN
```

```
1190 ! -------------- Matmult -------------------
1200 FOR I=1 TO M
1210 FOR J=1 TO N
1220 K=(I-1)*N+J
1230 NO(K)=0
1240 FOR I1=1 TO L
1250 K1=(I-1)*L+I1
1260 ON F2 GOTO 1270,1280
1270 K2=(J-1)*L+I1 @ GOTO 1290
1280 K2=(I1-1)*N+J
1290 NO(K)=NO(K)+AO(K1)*B(K2)
1300 NEXT I1
1310 NEXT J
1320 NEXT I
1330 RETURN
1340 ! ---------------- datensatz ----------------
1350 DATA 2,"Projekt  500"
1360 DATA 101,48565.2,6059,0
1370 DATA 1,48177.62,6531.28,156.2469
1380 DATA 2,49600.15,7185.19,247.3104
1390 DATA 3,49830.93,5670.69,318.9507
1400 DATA 4,47863.91,5077.24,39.4912
1410 DATA -1,-1,-1,-1
1420 DATA -1,"ende"
```

Berechnungsbeispiel:

```
Vorwaertsschnitt  Punkt     101
Projekt  500
---------------------------------------------

Punkt      Rechtswert        Hochwert    ori. Richt.

    1       48177.620        6531.280       156.2469
    2       49600.150        7185.190       247.3104
    3       49830.930        5670.690       318.9507
    4       47863.910        5077.240        39.4912

  101       48565.271        6058.976

  Mittlerer Punktfehler    0.010 m
```

14 Rückwärtsschnitt mit Ausgleichung

Sind auf einem Neupunkt P_N Richtungen R_i zu drei oder mehr Festpunkten gemessen, so ist der Neupunkt eindeutig festgelegt. Die Berechnung der Neupunktskoordinaten erfolgt ebenso wie im Abschnitt 13 durch eine Ausgleichung.

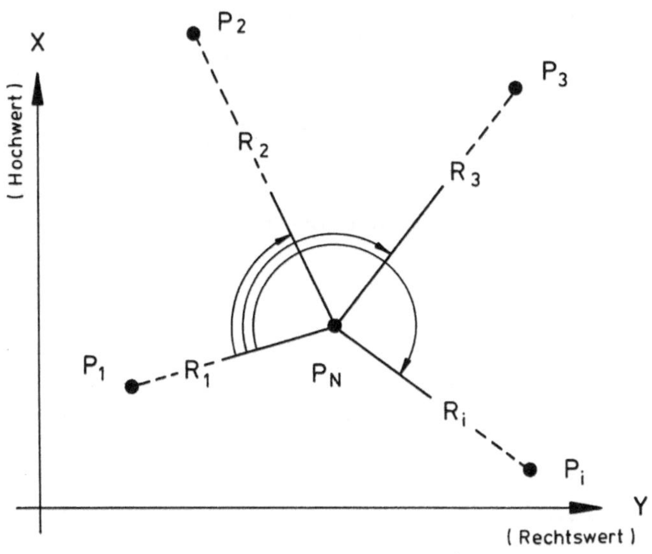

Abb. **14** Rückwärtsschnitt

Gegeben:
- Koordinaten der Punkte P_1, P_2, ... P_i
- Näherungskoordinaten für P_N (Y_o, X_o)
- Gemessene Richtungen R_i

Gesucht:
- Ausgeglichene Koordinaten des Neupunktes P_N

Für grobe Näherungskoordinaten gilt dieselbe Anmerkung wie im Abschnitt 13

Formelzusammenstellung

Die allgemeine Fehlergleichung mit dem Gewicht p=1 für jede gemessene Richtung ist identisch mit der Gleichung (1) aus dem Abschnitt **13**, jedoch muß beim Rückwärtsschnitt eine "fingierte" Gleichung mit dem Gewicht p=1/n hinzugefügt werden.

$$v_{n+1} = [a_{i1}] \cdot dy + [a_{i2}] \cdot dx - [l_i] \quad ; \quad p=1/n \qquad (1a)$$

[ ] = Summe der Koefizienten und der Absolutglieder

Koeffizienten a_{i1} ; a_{i2} und Absolutglieder l_i

$$a_{i1} = -\frac{(X_i - X_o)}{s_i^2} \cdot Rho \quad ; \quad a_{i2} = \frac{(Y_i - Y_o)}{s_i^2} \cdot Rho$$

$$l_i = R_i - A \quad ; \quad A = \arctan \frac{(Y_i - Y_o)}{(X_i - X_o)}$$

Fehlergleichungssystem in Matrizenschreibweise

$\mathbf{P}$ = Gewichtsmatrix

$$\mathbf{v} = \mathbf{Ax} - \mathbf{l} \qquad (2)$$

$$\mathbf{A}^T\mathbf{PA} = \mathbf{N} \quad (3a) \qquad \mathbf{A}^T\mathbf{Pl} = \mathbf{n} \quad (4a)$$

$$\mathbf{x} = \mathbf{N}^{-1}\mathbf{n} \qquad (5)$$

Ausgleichungsprobe $\mathbf{v}^T\mathbf{Pv} = -\mathbf{l}^T\mathbf{Pv}$ (6a)

Die ausgeglichenen Koordinaten des Punktes P_N ergeben sich zu:

$$\overline{Y} = Y_o + dy \quad ; \quad \overline{X} = X_o + dx \qquad (7)$$

die empirische Varianz zu: $s_o^2 = \frac{\mathbf{v}^T\mathbf{Pv}}{n-u}$ (8)

n = Anzahl der Beobachtungen
u = Anzahl der Unbekannten

und der mittlere Punktfehler m_p zu, wenn $\mathbf{N}^{-1} = \mathbf{Q}$ gesetzt wird.

$$m_p = \pm\sqrt{q_{11} \cdot s_o^2 + q_{22} \cdot s_o^2}$$

Eingabe - Datenstruktur **14**

Steuerparameter	Grad = 1 Gon = 2	Text .... max. 30 Z.

Neupunkt	P_N	Y_N	X_N	- 1
Anschlußpunkt	P_1	Y_1	X_1	R_1
	⋮	⋮	⋮	⋮
	P_i	Y_i	X_i	R_i
Datensatzabschluß	- 1	- 1	- 1	- 1

Daten END	- 1	Ende

Programmausdruck:

```
10 ! Rueckwaertsschnitt mit Ausgleichung
20 ! A = Koeffizienten-Matrix
30 ! B = Transporn. A -Matrix * Gewichtsmatrix P
40 ! N = Matrix der Normalgleichnungen
50 DIM Y(10),X(10),R(10),A(20),L(10),A0(20)
60 DIM N0(10),N(4),N1(2),V(10)
70 DIM B(20),T(10),A$[80]
80 INTEGER P(10),F1,F2,I,I1,J,M,N,L,L1
90 OPTION ANGLE DEGREES
100 N=2 @ A=0 @ F=1 @ W2=180 @ R0=W2/PI
110 ! ------------- Einlesen der Daten -------
120 READ F1,A$
130 DISP A$
140 IF F1=-1 THEN 1040
150 IF F1=1 THEN 170
160 F=.9 @ W2=200 @ R0=200/PI
170 FOR I=1 TO 99
180 READ P(I),Y(I),X(I),Z
190 IF F1=1 THEN GOSUB 1060
200 R(I)=Z
210 IF P(I)=-1 THEN 240
220 NEXT I
230 ! ----------- Koeffizienten der A - Matrix -------
240 M=I-2 @ C1,P1,P2,T,Z0=0 @ N=2
250 FOR I=2 TO M+1
260 GOSUB 1100
270 Z0=Z0+2
280 A(Z0-1)=A1 @ B(I-1)=A1 @ A0(I-1)=A1
290 A(Z0)=A2 @ B(I+M)=A2 @ A0(I+M)=A2
300 P1=P1+A1 @ P2=P2+A2
310 T(I-1)=R(I)-A @ IF T(I-1)<0 THEN T(I-1)=T(I-1)+2*W2
320 T=T+T(I-1)
330 NEXT I
340 B(M+1)=P1/(-M) @ A(I+M-1)=P1 @ A0(M+1)=P1
350 B(I+M)=P2/(-M) @ A(I+M)=P2 @ A0(I+M)=P2
360 T=T/M @ C1=0
370 FOR I=1 TO M
380 L(I)=T(I)-T
390 C1=C1+L(I) @ NEXT I
400 L(M+1)=C1
410 ! ------------- N - Matrix ------------------
420 L,L1=M+1 @ M=N @ F2=1
430 GOSUB 1180
440 FOR I=1 TO 4
450 N(I)=N0(I) @ NEXT I
460 ! ------------- n - Matrix ------------------
470 FOR I=1 TO L
480 A0(I)=L(I) @ NEXT I
490 M=1
500 GOSUB 1180
510 FOR I=1 TO 2
520 N1(I)=N0(I) @ NEXT I
530 ! ------------- Kehrmatrix N^-1 -------------
540 D1=N(1)*N(4)-N(2)*N(3) @ IF D1>ABS(.0000001) THEN 560
```

```
550 DISP "N - Matrix singulaer " @ GOTO 1040
560 DO=N(1) @ N(1)=N(4)/D1 @ N(4)=DO/D1
570 N(2)=N(2)/(-D1) @ N(3)=N(3)/(-D1)
580 FOR I=1 TO 4
590 AO(I)=N(I) @ NEXT I
600 FOR I=1 TO 2
610 B(I)=N1(I) @ NEXT I
620 M=2 @ L=2 @ N=1 @ F2=2
630 GOSUB 1190
640 YO=NO(1) @ XO=NO(2) !          Unbekannte der Ausgl.
650 Y(1)=Y(1)+YO @ X(1)=X(1)+XO !  Ausgegl. Koordinaten
660 FOR I=1 TO L1*2
670 AO(I)=A(I) @ NEXT I
680 B(1)=YO @ B(2)=XO
690 M=L1 @ L=2 @ N=1 @ F2=2
700 GOSUB 1190
710 ! ----------- Ausgleichungsprobe ------------
720 FOR I=1 TO L1
730 V(I)=NO(I)-L(I) @ NEXT I
740 V(M+1)=V(M)/(M-1)*(-1) @ L(M+1)=L(M)/(M-1)*(-1) @ V,V9=0
750 FOR I=1 TO L1-1
760 V=V+V(I)^2
770 V9=V9+V(I)*L(I)
780 NEXT I
790 V=V+V(M)*V(M+1) @ V9=V9+V(M)*L(M+1)
800 ! ----------------- Ausdruck ---------------
810 PRINT USING 820 ; "Rueckwaertsschnitt  Punkt ";P(1)
820 IMAGE 15x,27a,5d
830 PRINT USING 840 ; A$
840 IMAGE 15x,47a
850 PRINT USING 860
860 IMAGE 15x,47("-"),/
870 PRINT USING 880 ; "Punkt    Rechtswert      Hochwert   g
em. Richt."
880 IMAGE ,15x,47a,/
890 FOR I=2 TO L1
900 PRINT USING 910 ; P(I),Y(I),X(I),R(I)
910 IMAGE 15x,5d,4x,2(6d.3d,4x),4d.4d
920 NEXT I
930 PRINT
940 PRINT USING 910 ; P(1),Y(1),X(1)
950 PRINT
960 N=L1-1
970 IF N<=3 THEN 1040
980 SO=V/(N-(N-1))
990 MO=SQR(N(1)*SO+N(4)*SO)
1000 PRINT USING 1010 ; "Mittlerer Punktfehler  ",MO," m"
1010 IMAGE 17x,23a,dz.3d,2a
1020 PRINT @ PRINT
1030 GOTO 120
1040 DISP "Programmlauf beendet" @ STOP
1050 ! -------------- Winkeldezimale -------------
1060 Z1=INT(Z) @ Z2=(Z-Z1)*100 @ Z3=INT(Z2)
1070 Z4=(Z2-Z3)*100 @ Z=Z1+(Z3+Z4/60)/60
```

```
1080 RETURN
1090 ! -------------- Subr. Riwi -----------------
1100 Y1=Y(I)-Y(1) @ X1=X(I)-X(1)
1110 IF Y1=0 THEN Y1=.000001
1120 IF X1=0 THEN X1=.000001
1130 A=ANGLE(X1,Y1)/F
1140 IF A<0 THEN A=A+2*W2
1150 S=Y1^2+X1^2
1160 A1=(-X1)/S*R0 @ A2=Y1/S*R0
1170 RETURN
1180 ! -------------- Matmult ------------------
1190 FOR I=1 TO M
1200 FOR J=1 TO N
1210 K=(I-1)*N+J
1220 NO(K)=0
1230 FOR I1=1 TO L
1240 K1=(I-1)*L+I1
1250 ON F2 GOTO 1260,1270
1260 K2=(J-1)*L+I1 @ GOTO 1280
1270 K2=(I1-1)*N+J
1280 NO(K)=NO(K)+A0(K1)*B(K2)
1290 NEXT I1
1300 NEXT J
1310 NEXT I
1320 RETURN
1330 ! ---------------- datensatz ---------------
1340 DATA 2,"Projekt Borde Seco"
1350 DATA 51,20347,54569,-1
1360 DATA 23,21159.723,55023.202,0
1370 DATA 54,20506.923,54324.773,95.5421
1380 DATA 3,19667.547,53557.665,170.0907
1390 DATA 55,20284.964,54688.042,301.8291
1400 DATA -1,-1,-1,-1
1410 DATA 2,"Schoenhagen"
1420 DATA 283,40350.4,28837.4,-1
1430 DATA 732,39420.192,27207.941,350.7106
1440 DATA 130,38324.087,27799.714,387.5563
1450 DATA 102,38813.765,28399.16,0
1460 DATA 29,37873.702,28841.09,17.7809
1470 DATA 734,39786.357,29145.971,49.5527
1480 DATA -1,-1,-1,-1
1490 DATA -1,"ende"
```

Berechnungsbeispiel:

```
Rueckwaertsschnitt  Punkt     51
Projekt Borde Seco
-----------------------------------------------

Punkt     Rechtswert        Hochwert    gem. Richt.

   23      21159.723       55023.202        0.0000
   54      20506.923       54324.773       95.5421
    3      19667.547       53557.665      170.0907
   55      20284.964       54688.042      301.8291

   51      20346.982       54569.140

  Mittlerer Punktfehler    0.021 m

Rueckwaertsschnitt  Punkt    283
Schoenhagen
-----------------------------------------------

Punkt     Rechtswert        Hochwert    gem. Richt.

  732      39420.192       27207.941      350.7106
  130      38324.087       27799.714      387.5563
  102      38813.765       28399.160        0.0000
   29      37873.702       28841.090       17.7809
  734      39786.357       29145.971       49.5527

  283      40350.448       28837.395

  Mittlerer Punktfehler    0.018 m
```

15 Bogenschnitt mit Ausgleichung

Zur Bestimmung eines Neupunktes P_N mit Hilfe von Streckenmessungen, werden zwischen P_N und mehreren Festpunkten P_i die Strecken S_i bestimmt. Bei $n > 3$ Strecken liegt eine Überbestimmung vor. Ihre Widersprüche werden durch eine Ausgleichung nach der Methode der kleinsten Quadrate beseitigt.
Als Unbekannte der Ausgleichung ergeben sich die 2 Neupunktskoordinaten und ein Maßstabsfaktor.
Für die Ausgleichung werden horizontale und gegebenfalls in die jeweilige Abbildungsebene reduzierte Strecken benötigt.
Näherungskoordinaten werden im Programm selbständig bestimmt.

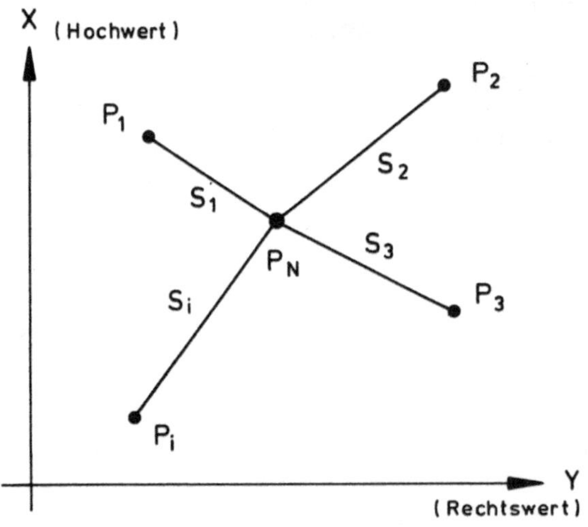

Abb. 15 Mehrfacher Bogenschnitt

Gegeben: Koordinaten der Festpunkte P_1 .... P_i
Horizontalstrecken $S_{i\ red.}$

Gesucht: Ausgeglichene Koordinaten der Neupunktes P_N

Formelzusammenstellung

Für jede Strecke S_i mit dem Gewicht 1 erhält man eine Fehlergleichung.

$$v_i = a_{i1}dy + a_{i2}dx + a_{i3}dq - l_i \qquad (1)$$

in Matrizenschreibweise

$$\mathbf{v} = \mathbf{Ax} - \mathbf{l}$$

Näherungskoordinaten für den Neupunkt $P_N = Y_o$ und X_o

Koeffizienten a_{i1}, a_{i2} und a_{i3} der **A**- Matrix

$$a_{i1} = q_o \frac{Y_o - Y_i}{S_{oi}} \quad ; \quad a_{i2} = q_o \frac{X_o - X_i}{S_{oi}} \quad ; \quad a_{i3} = S_{oi}/1000$$

$$S_{oi} = \sqrt{(Y_o - Y_i)^2 + (X_o - X_i)^2}$$

Absolutglieder

$$l_i = S_i - S_{oi}$$

Maßstabsfaktor

$$q = q_o + dq \qquad \text{mit} \quad q_o = 1$$

Im weiteren werden die Formeln der Matrizenrechnung, wie unter Vorwärtsschnitt und Rückwärtsschnitt aufgeführt, zur Lösung der Aufgabe benutzt.

Eingabe - Datenstruktur **15**

Datenzeile 1	P_N	Text	max. 30 Z.

Anschlußpunkte	P_1	Y_1	X_1	S_1
	P_2	Y_2	X_2	S_2
	⋮	⋮	⋮	⋮
	P_i	Y_i	X_i	S_i
	-1	-1	-1	-1

Daten END	-1	Text

Programmausdruck:

```
10 ! Mehrfacher Bogensschnitt mit Ausgleichung
20 ! A = Koeffizienten-Matrix
30 ! B = Transporn. A -Matrix
40 ! N = Matrix der Normalgleichnungen
50 DIM Y(10),X(10),S(10),A(30),SO(10),L(10)
60 DIM NO(10),N(9),N1(3),V(10),AO(30),B(30)
70 DIM A$[80]
80 INTEGER P(10),F1,F2,I,I1,I2,J,M,N,L,L1
90 OPTION ANGLE DEGREES
100 A=0 @ W2=180
110 ! ------------ Einlesen der Daten -------
120 READ PO,A$
130 IF PO=-1 THEN 1180
140 DISP A$
150 FOR I=1 TO 19
160 READ P(I),Y(I),X(I),S(I)
170 IF P(I)=-1 THEN 190
180 NEXT I
190 M=I-1
200 GOSUB 1240
210 ! ------------- Naeherungskoordinaten ------------
220 A1=ACOS((S^2+S(1)^2-S(2)^2)/(2*S*S(1)))
230 A=A+A1 @ IF A>360 THEN A=A-360
240 YO=Y(1)+SIN(A)*S(1) @ XO=X(1)+COS(A)*S(1)
250 I2=1
260 DISP "Anzahl der Iterationen  ";I2
270 ! ----------- Koeffizienten der A - Matrix -------
280 QO=1 @ N=3 @ ZO=1
290 FOR I=1 TO M
300 SO(I)=SQR((YO-Y(I))^2+(XO-X(I))^2)
310 L(I)=S(I)-SO(I)
320 A(ZO)=(YO-Y(I))/SO(I) !          Matrix A
330 A(ZO+1)=(XO-X(I))/SO(I) !  zeilenweise gespeichert
340 A(ZO+2)=SO(I)*.001
350 AO(I),B(I)=A(ZO) !              Transpornierte von A
360 AO(I+M),B(I+M)=A(ZO+1) !  spaltenweise gespeichert
370 AO(I+2*M),B(I+2*M)=A(ZO+2)
380 ZO=ZO+3
390 NEXT I
400 ! ------------- N - Matrix ------------------
410 L,L1=M @ M=N @ F2=1
420 GOSUB 1340
430 FOR I=1 TO 9
440 N(I)=NO(I)
450 NEXT I
460 ! ------------- n - Matrix ------------------
470 FOR I=1 TO L
480 AO(I)=L(I) @ NEXT I
490 M=1
500 GOSUB 1340
510 FOR I=1 TO 3
520 N1(I)=NO(I) @ NEXT I
530 ! ------------- Kehrmatrix N^-1 -------------
540 D1=N(1)*(N(5)*N(9)-N(6)*N(8))
550 D2=N(2)*(N(4)*N(9)-N(6)*N(7))
```

```
560 D3=N(3)*(N(4)*N(8)-N(5)*N(7))
570 D1=D1-D2+D3
580 IF D1<ABS(.0000001) THEN DISP "N - Matrix singulaer " @
GOTO 1180
590 A0(1)=(N(5)*N(9)-N(6)*N(8))/D1
600 A0(2)=(N(4)*N(9)-N(6)*N(7))/D1
610 A0(3)=(N(4)*N(8)-N(5)*N(6))/D1
620 A0(4)=(N(2)*N(9)-N(3)*N(8))/D1
630 A0(5)=(N(1)*N(9)-N(3)*N(7))/D1
640 A0(6)=(N(1)*N(8)-N(2)*N(7))/D1
650 A0(7)=(N(2)*N(6)-N(3)*N(5))/D1
660 A0(8)=(N(1)*N(6)-N(3)*N(4))/D1
670 A0(9)=(N(1)*N(5)-N(2)*N(4))/D1
680 FOR I=1 TO 3
690 B(I)=N1(I) @ NEXT I
700 M=3 @ L=3 @ N=1 @ F2=2
710 GOSUB 1350
720 Y(L1+1)=Y0+N0(1) !        Ausgegl. Koordinaten
730 X(L1+1)=X0+N0(2)
740 Q0=Q0+N0(3)
750 FOR I=1 TO L1*3
760 A0(I)=A(I) @ NEXT I
770 B(1)=N0(1) @ B(2)=N0(2) @ B(3)=N0(3)
780 M=L1 @ L=3 @ N=1 @ F2=2
790 GOSUB 1350
800 ! ----------- Ausgleichungsprobe ------------
810 FOR I=1 TO L1
820 V(I)=N0(I)-L(I) @ NEXT I
830 V,V9=0
840 FOR I=1 TO L1
850 V=V+V(I)^2
860 V9=V9+V(I)*L(I)
870 NEXT I
880 IF V+V9<.00001 THEN 910
890 Y0=Y(L1+1) @ X0=X(L1+1) !   Neue Naeherungswerte
900 I2=I2+1 @ GOTO 260
910 ! ----------------- Ausdruck ----------------
920 PRINT USING 930 ; "Bogenschnitt      Punkt ";P0
930 IMAGE 15x,25a,5d
940 PRINT USING 950 ; A$
950 IMAGE 15x,47a
960 PRINT USING 970
970 IMAGE 15x,47("-"),/
980 PRINT USING 990 ; "Punkt    Rechtswert      Hochwert
 Strecke"
990 IMAGE ,15x,47a,/
1000 FOR I=1 TO L1
1010 PRINT USING 1020 ; P(I),Y(I),X(I),S(I)
1020 IMAGE 15x,5d,4x,2(6d.3d,4x),4d.3d
1030 NEXT I
1040 PRINT
1050 PRINT USING 1060 ; P0,Y(L1+1),X(L1+1),"Neupunkt"
1060 IMAGE 15x,5d,4x,2(6d.3d,4x),k
1070 PRINT
1080 N=L1
1090 IF N<= 3 THEN 1180
1100 S0=V/(N-3)
```

```
1110 MO=SQR(N(1)*SO+N(4)*SO)
1120 PRINT USING 1140 ; "Mittlerer Punktfehler    ",MO," m"
1130 PRINT USING 1150 ; "Masstabsfaktor           ",QO
1140 IMAGE 20x,23a,dz.3d,2a
1150 IMAGE 20x,23a,dz.6d
1160 PRINT @ PRINT
1170 GOTO 120 !               Neuer Datensatz
1180 DISP "Programmlauf beendet"
1190 END
1200 ! -------------- Winkeldezimale --------------
1210 Z1=INT(Z) @ Z2=(Z-Z1)*100 @ Z3=INT(Z2)
1220 Z4=(Z2-Z3)*100 @ Z=Z1+(Z3+Z4/60)/60
1230 RETURN
1240 ! -------------- Subr. Riwi ------------------
1250 Y1=Y(2)-Y(1) @ X1=X(2)-X(1)
1260 IF Y1=0 THEN Y1=.000001
1270 IF X1=0 THEN X1=.000001
1280 A=ATN(ABS(Y1)/ABS(X1))
1290 IF Y1>0 AND X1<0 THEN A=W2-A
1300 IF Y1<0 AND X1<0 THEN A=A+W2
1310 IF Y1<0 AND X1>0 THEN A=2*W2-A
1320 S=SQR(Y1^2+X1^2)
1330 RETURN
1340 ! -------------- Matmult --------------------
1350 FOR I=1 TO M
1360 FOR J=1 TO N
1370 K=(I-1)*N+J
1380 NO(K)=0
1390 FOR I1=1 TO L
1400 K1=(I-1)*L+I1
1410 ON F2 GOTO 1420,1430
1420 K2=(J-1)*L+I1 @ GOTO 1440
1430 K2=(I1-1)*N+J
1440 NO(K)=NO(K)+AO(K1)*B(K2)
1450 NEXT I1
1460 NEXT J
1470 NEXT I
1480 RETURN
1490 ! ---------------- datensatz ----------------
1500 DATA 501,"Projekt  500"
1510 DATA 1,48177.62,6531.28,611.023
1520 DATA 2,49600.15,7185.19,1529.482
1530 DATA 3,49830.93,5670.69,1323.884
1540 DATA 4,47863.91,5077.24,1206.524
1550 DATA -1,-1,-1,-1
1555 DATA -1,"*"
```

Berechnungsbeispiel:

```
Bogenschnitt        Punkt     501
Projekt  500

--------------------------------------------------

Punkt     Rechtswert        Hochwert        Strecke

    1      48177.620        6531.280        611.023
    2      49600.150        7185.190       1529.482
    3      49830.930        5670.690       1323.884
    4      47863.910        5077.240       1206.524

  501      48565.271        6058.975       Neupunkt

     Mittlerer Punktfehler   0.009 m
     Masstabsfaktor          0.998504
```

16 Angeschlossener Polygonzug

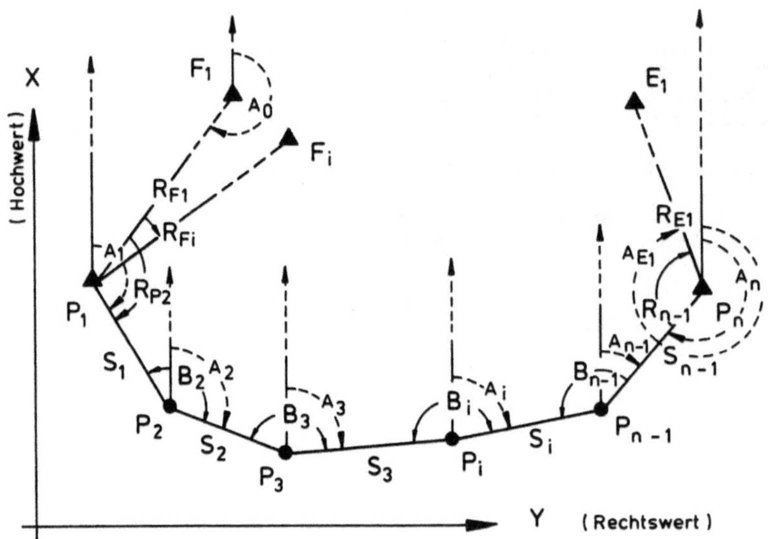

Abb. 16 Beidseitig angeschlossener Polygonzug

Gegeben : - Koordinaten des Anfangs- und Endpunktes P_1 , P_n
- Koordinaten der An- und Abschlußpunkte F_1, ... F_i , E_1, ...
(max. 5 Anschlußpunkte auf P_1 oder P_n möglich)
- Richtungen auf den An- und Abschlußpunkten R_{F1}, ... R_{Fi}, R_{P2} , R_{Pn-1}, R_{E1}, ... R_{Ei}
- Brechungswinkel B_i mit $i = 2,3, \ldots (n-1)$
- Polygonseiten S

Anmerkung: Die Richtungen und Polygonwinkel können jeweils im Kreisteilungsmodus 360 Grad oder 400 Gon gegeben sein. (Steuerparameter F1=1 oder F1=2) im Programm. Die Ausgabe erfolgt entsprechend dem Eingabe-Modus.

Eingabe - Datenstruktur **16**

INPUT Anzahl der Neupunkte N1

Steuerparameter Grad oder Gon	Grad = 1 Gon = 2	Text .... max. 30 Z.

Neupunkt - Nr. Vektor P	P_2	P_3	P_i	P_{n-1}

Anfangspunkt	P_1	Y_1	X_1	
Anschlußpunkt F1	P_{F1}	Y_{F1}	X_{F1}	R_{F1}
Anschlußpunkt Fi	P_{Fi}	Y_{Fi}	X_{Fi}	R_{Fi}
Polygonpunkt P2	-1	-1	-1	R_{P2}
Endpunkt	P_n	Y_n	X_n	
Abschlußpunkt E1	P_{E1}	Y_{E1}	X_{E1}	R_{E1}
Abschlußpunkt Ei	P_{Ei}	Y_{Ei}	X_{Ei}	R_{Ei}
Polygonpunkt Pn-1	-1	-1	-1	R_{Pn-1}

Brechungswinkel B	B_2	B_3	B_i	B_{n-1}

Horizontal - strecken S	S_{12}	S_{23}	S_{3i}	S_{n-1n}

Anmerkung zur Programmliste:
Soll lediglich im Kreisteilungsmodus 400 Gon gearbeitet werden, so ist in der Programmzeile 120 nur READ A§ zu schreiben (Steuerparameter F1 dann auch im Datensatz nicht erforderlich), und die Programmzeilen 130, 260, 480, 750 bis 870 und 1200 bis 1270 sind entbehrlich.

Gesucht:
- Koordinaten der Polygonpunkte P_i $i=2,3 \ldots (n-1)$
- Winkelabschlußfehler f_w
- Koordinatenabschlußfehler f_y , f_x
- Längsfehler f_L
- Querfehler f_q

Im Programm wird jeweils im Vorwege auf dem Anfangs- und Endpunkt P_1 und P_n ein Abriß gerechnet und daraus die Orientierungsunbekannte Q ermittelt. Mit der Richtung zum ersten bzw. letzten Polygonpunkt ergibt sich daraus das Azimut auf dem Anfangs- bzw. Endpunkt A_1 und A_n .
Bei nur einem Anschluß- bzw. Abschlußpunkt ist die Orientierungsunbekannte Q gleich dem Azimut A_0 bzw. A_{E1} .

Formelzusammenstellung

Azimut auf dem Anfangs- und Endpunkt bei nur einer Anschlußrichtung.

$$A_0 = \arctan\left(\frac{Y_1 - Y_{F1}}{X_1 - X_{F1}}\right) \quad , \quad A_{E1} = \arctan\left(\frac{Y_{E1} - Y_n}{X_{E1} - X_n}\right) \qquad (1)$$

Bei mehr als einem Anschlußpunkt gilt:

$$A_1 = Q_1 + R_{P2} \quad , \quad A_n = Q_2 + R_{n-1} \qquad (2)$$

N1 = Anzahl der Neupunkte $P_2 \ldots\ldots P_{n-1}$

w = 180 bzw 200 bei Steuerparameter F1 = 1 bzw. F1 = 2

Winkelabschlußfehler f_w

$$f_w = A_n - A_1 - \sum_{i=2}^{n-1} B_i + (N1-1) \cdot w \qquad (3)$$

Winkelverbesserung v

$$v = f_w / n \qquad (4)$$

Endgültiges Azimut auf den Punkten $P_1 \; .... \; P_n$

$$
\begin{aligned}
A_1 &= A_1 + v \\
A_i &= A_{i-1} + B_i + v \pm w \quad ; \quad i=2,3 \; ... \; (n-1) \qquad (5) \\
A_n &= A_n \quad v
\end{aligned}
$$

Koordinatenunterschiede ΔY_i, ΔX_i

$$
\begin{aligned}
\Delta Y_i &= S_i \cdot \sin(A_i) \qquad\qquad\qquad\qquad (6) \\
\Delta X_i &= S_i \cdot \cos(A_i) \qquad i=1,2 \; ... \; (n-1)
\end{aligned}
$$

Koordinatenabschlußfehler f_y , f_x

$$
\begin{aligned}
\Delta Y &= (Y_n - Y_1) \quad ; \quad \Delta X = (X_n - X_1) \\
f_y &= \Delta Y - [\Delta Y_i] \quad ; \quad f_x = \Delta X - [\Delta X_i] \qquad (7)
\end{aligned}
$$

Koordinatenverbesserung v_y , v_x

$$
v_y = \frac{f_y}{[S_i]} \, S_i \qquad v_x = \frac{f_y}{[S_i]} \, S_i \qquad (8)
$$

Koordinaten X , Y der Polygonpunkte $P_2 \; .... \; P_{n-1}$

$$
\begin{aligned}
Y_{i+1} &= Y_i + \Delta Y_i + v_y \\
X_{i+1} &= X_i + \Delta X_i + v_x \qquad (9)
\end{aligned}
$$

mit $i=1,2,3 \; .... \; (n-1)$

Längs- und Querfehler f_L , f_q

$$
\begin{aligned}
S_{1,n} &= \sqrt{\Delta Y^2 + \Delta X^2} \\
f_L &= (f_y \cdot \Delta Y + f_x \cdot \Delta X) \; / \; S_{1,n} \\
f_q &= (f_y \cdot \Delta X + f_x \cdot \Delta Y) \; / \; S_{1,n} \qquad (10)
\end{aligned}
$$

Programmausdruck:

```
10 ! Polygonpunktberechnung
20 ! max. ausgelegt fuer 30 Neupunkte
30 RESTORE 1380 ! 1490
40 DIM Y(32),X(32),B(30),A(32),S(30)
50 DIM Y1(32),X1(32),R1(10),Q(2)
60 DIM A$[40],B$[40]
70 INTEGER I,N,F1,P(32),P1(10)
80 OPTION ANGLE DEGREES
90 W1,S1,A=0 @ B,F=1 @ W2=180
100 B$="Orientierungsunbekannte auf Punkt  "
110 ! ------------ Einlesen der Daten -----------
120 READ F1,A$ !                    Parameter Alt o. Neugrad
130 IF F1=1 THEN 150
140 F=9/10 @ W2=200
150 INPUT "Anzahl der Neupunkte:  ";N1
160 FOR I=2 TO N1+1 !            Neupunktnummern
170 READ P(I)
180 NEXT I
190 N1=N1+2
200 READ P(1),Y(1),X(1) !        Anfangspunkt
210 K=1
220 FOR J=1 TO 2
230 Q=0
240 FOR I=1 TO 99
250 READ P1(I),Y1(I),X1(I),Z !  Anschlusspunkte
260 IF F1=1 THEN GOSUB 1200
270 R1(I)=Z
280 IF P1(I)=-1 THEN 330
290 GOSUB 1280
300 T=A-R1(I) @ IF T<0 THEN T=T+2*W2
310 Q=Q+T
320 NEXT I
330 N=I
340 Q(J)=Q/(I-1)
350 IF J=2 THEN 430
360 P(0)=P1(1) @ Y(0)=Y1(1) @ X(0)=X1(1)
370 B(1)=R1(N)-R1(1) @ IF B(1)<0 THEN B(1)=B(1)+2*W2
380 A(0)=R1(1)+Q(1)-W2 @ IF A(0)<0 THEN A(0)=A(0)+2*W2
390 A(1)=R1(N)+Q(1) @ IF A(1)>2*W2 THEN A(1)=A(1)-2*W2
400 READ P(N1),Y(N1),X(N1) !     Endpunkt
410 K=N1
420 NEXT J
430 P(N1+1)=P1(1) @ Y(N1+1)=Y1(1) @ X(N1+1)=X1(1)
440 B(N1)=R1(1)-R1(N) @ IF B(N1)<0 THEN B(N1)=B(N1)+2*W2
450 A9=Q(2)+R1(N)-W2 @ IF A9<0 THEN A9=A9+2*W2
460 FOR I=2 TO N1-1
470 READ Z !                      Brechungswinkel
480 IF F1=1 THEN GOSUB 1200
490 B(I)=Z @ W1=W1+B(I)
500 NEXT I
510 N=N1 @ Y0,X0,Y8,X8=0
520 W9=A9-A(1)-W1+(N-2)*W2
530 !                  W9= Winkelabschlussfehler
540 A(1)=A(1)+W9/N
550 FOR I=2 TO N
```

```
560 A(I)=A(I-1)+B(I)+W9/N+W2
570 A(I)=A(I)-INT(A(I)/(2*W2))*(2*W2)
580 NEXT I
590 FOR I=1 TO N-1
600 READ S(I)
610 S1=S1+S(I)
620 Y1(I)=S(I)*SIN(A(I)*F)
630 X1(I)=S(I)*COS(A(I)*F)
640 Y8=Y8+Y1(I) @ X8=X8+X1(I)
650 NEXT I
660 YO=Y(N)-Y(1) @ XO=X(N)-X(1)
670 Y9=YO-Y8 @ X9=XO-X8
680 FOR I=1 TO N-1
690 Y(I+1)=Y(I)+Y1(I)+Y9/S1*S(I)
700 X(I+1)=X(I)+X1(I)+X9/S1*S(I)
710 NEXT I
720 X7=SQR(Y8^2+X8^2)
730 L1=(Y9*Y8+X9*X8)/X7
740 Q1=(Y9*X8-X9*Y8)/X7
750 IF F1=2 THEN 880
760 FOR I=1 TO N
770 Z=B(I) @ GOSUB 1240
780 B(I)=Z @ NEXT I
790 FOR I=0 TO N
800 Z=A(I) @ GOSUB 1240
810 A(I)=Z @ NEXT I
820 Z=W9 @ GOSUB 1240
830 W9=Z
840 Z=Q(1) @ GOSUB 1240
850 Q(1)=Z
860 Z=Q(2) @ GOSUB 1240
870 Q(2)=Z
880 ! --------------- Ausdruck ---------
890 IF F1=2 THEN C$=" Gon" ELSE C$=" Grad"
900 PRINT USING 910 ; "Polygonzugberechnung",A$
910 IMAGE 5x,30a,25a
920 PRINT USING 940 ; B$,P(1),Q(1),C$
930 PRINT USING 940 ; B$,P(N),Q(2),C$
940 IMAGE 5x,35a,5d,5x,3d.4d,2x,5a
950 PRINT USING 960
960 IMAGE 5x,60("-"),/
970 PRINT "      Brechungs- Richtungs-  Strecken      Koordin
aten      Punkt"
980 PRINT "            Winkel                        Rechtswert
  Hochwert   Nr."
990 PRINT
1000 PRINT USING 1010 ; A(0),Y(0),X(0),P(0)
1010 IMAGE 16x,3d.4d,13x,2(6d.3d,2x),4d,/
1020 FOR I=1 TO N
1030 PRINT USING 1040 ; B(I),A(I),Y(I),X(I),P(I)
1040 IMAGE 6x,2(3d.4d,2x),11x,2(6d.3d,2x),4d
1050 IF I=N THEN 1090
1060 PRINT USING 1070 ; S(I)
1070 IMAGE 27x,4d.3d
1080 NEXT I
```

```
1090 PRINT USING 1100 ; Y(N+1),X(N+1),P(N+1)
1100 IMAGE /,37x,2(6d.3d,2x),4d,/
1110 PRINT USING 960
1120 IMAGE 15x,24a,3d.3d
1130 PRINT USING 1120 ; "Winkelfehler",W9
1140 PRINT USING 1150 ; "Koordinatenfehler",Y9,X9
1150 IMAGE 15x,24a,2(3d.3d,3x)
1160 PRINT USING 1120 ; "Laengsfehler",L1
1170 PRINT USING 1120 ; "Querfehler",Q1
1180 PRINT @ PRINT
1190 STOP
1200 ! ---------------- Winkeldezimale -------
1210 Z1=INT(Z) @ Z2=(Z-Z1)*100 @ Z3=INT(Z2)
1220 Z4=(Z2-Z3)*100 @ Z=Z1+(Z3+Z4/60)/60
1230 RETURN
1240 ! ------------ Umrechn. in grad.min.sek -------
1250 Z1=INT(Z) @ Z2=FP(Z) @ Z3=Z2*60
1260 Z4=INT(Z3) @ Z5=FP(Z3)*60 @ Z=Z1+Z4/100+Z5/10000
1270 RETURN
1280 ! ------------- Subr. RiWi -----------
1290 Y1=Y1(I)-Y(K) @ X1=X1(I)-X(K)
1300 IF Y1=0 THEN Y1=.000001
1310 IF X1=0 THEN X1=.000001
1320 A=ATN(ABS(Y1)/ABS(X1))/F
1330 IF Y1>0 AND X1<0 THEN A=W2-A
1340 IF Y1<0 AND X1<0 THEN A=A+W2
1350 IF Y1<0 AND X1>0 THEN A=2*W2-A
1360 RETURN
1370 ! --------------- daten --------
1380 DATA 2,'Franzsches Feld'
1390 DATA 1,2,3
1400 DATA 200,179.2,352.69
1410 DATA 100,0,500,0
1420 DATA -1,-1,-1,71.153
1430 DATA 300,466.17,793.75
1440 DATA 400,223.81,916.95,73.1133
1450 DATA -1,-1,-1,0
1460 DATA 218.0123,211.5327,212.3319
1470 DATA 148.11,135.25,121.17,138.28
1480 ! ----------------------------------
1490 DATA 1,"Borde Seco 1982"
1500 DATA 50,51
1510 DATA 3,19667.536,53557.665
1520 DATA 1,20675.884,58193.888,0
1530 DATA 23,21159.751,55023.202,33.1454
1540 DATA -1,-1,-1,25.1907
1550 DATA 23,21159.751,55023.202
1560 DATA 24,20080.984,54777.66,25.3604
1570 DATA 11,20499.37,56126.191,97.3051
1580 DATA 1,20675.884,58193.888,119.4437
1590 DATA -1,-1,-1,9.1357
1600 DATA 165.2643,217.4634
1610 DATA 913.419,312.573,930.993
```

Berechnungsbeispiel:

```
Polygonzugberechnung            Franzsches Feld
Orientierungsunbekannte auf Punkt    200      343.8018   Gon
Orientierungsunbekannte auf Punkt    300      256.8265   Gon
--------------------------------------------------------------

Brechungs- Richtungs-  Strecken      Koordinaten        Punkt
      Winkel                     Rechtswert    Hochwert    Nr.

           143.8018                   0.000     500.000    100

  71.1530   14.9538                 179.200     352.690    200
                       148.110
 218.0123   32.9650                 213.646     496.730      1
                       135.250
 211.5327   44.4967                 280.569     614.247      2
                       121.170
 212.3319   56.8275                 358.510     707.002      3
                       138.280
  73.1133  329.9398                 466.170     793.750    300

                                    223.810     916.950    400

--------------------------------------------------------------

         Winkelfehler                -.0052
         Koordinatenfehler           -.093       -.010
         Laengsfehler                -.059
         Querfehler                  -.073


Polygonzugberechnung            Borde Seco 1982
Orientierungsunbekannte auf Punkt      3       12.1610   Grad
Orientierungsunbekannte auf Punkt     23      231.3438   Grad
--------------------------------------------------------------

Brechungs- Richtungs-  Strecken      Koordinaten        Punkt
      Winkel                     Rechtswert    Hochwert    Nr.

           192.1610               20675.884   58193.888      1

  25.1907   37.3517               19667.536   53557.665      3
                       913.419
 165.2643   23.0200               20224.698   54281.481     50
                       312.573
 217.4634   60.4835               20346.996   54569.137     51
                       930.993
  16.2207  257.1042               21159.751   55023.202     23

                                  20080.984   54777.660     24

--------------------------------------------------------------

         Winkelfehler                 .0001
         Koordinatenfehler           -.014        .018
         Laengsfehler                 .003
         Querfehler                  -.023
```

17 Ringpolygon

Ein Ring- oder geschlossenes Polygon ist ein Vieleck in dem die letzte Seite an die erste Seite anschließt. Das Ringpolygon ist besonders geeignet für die Aufnahme eines geschlossenen Gebietes.

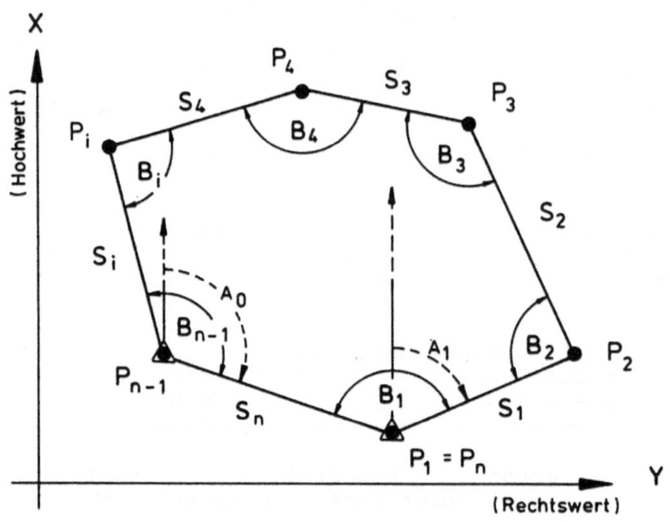

Abb. 17 Ringpolygon

Gegeben:

- Koordinaten der Punkte P_1 und P_{n-1} im X-Y- Koordinatensystem oder im lokalen Koordinatensystem mit $P_{n-1}(0,0)$ und P_1 $(S_n,0)$
- Brechnungswinkel B_1 ..... B_{n-1} als Innenwinkel des Polygons.
- Polygonseiten S, S_1, ... S_n

Gesucht:

- Koordinaten der Polygonpunkte P_2 .... P_i
- Winkel- und Koordinatenabschlußfehler f_w, f_y und f_x

Sinngemäß sind die Formeln aus Abschnitt 16 - Angeschlossener Polygonzug - auch auf das Ringpolygon anwendbar. Aus der Geometrie eines n-Ecks ergibt sich jedoch ein Sollwert für die Summe der Außen- bzw. Innenwinkel. Die Differenz aus Sollwert und der Summe der beobachteten Brechungswinkel B_i ergibt sich der Winkelabschlußfehler f_w

$$f_{w(außen)} = (n+2) \cdot w2 - [B_i] \qquad (1)$$

$$f_w(innen) = (n-2) \cdot w2 - [B_i] \qquad (2)$$

mit w2 = 180 Grad oder 200 Gon.

Die Programme 16 und 17 sind bis auf kleine Vereinfachungen im Programm selbst und in der Eingabe-Datenstruktur nahezu identisch.
Durch Änderung nachfolgender Programmschritte im Programm 16 ergibt sich ein eigenständiges Programm für ein Ringpolygon.

Änderungen gegenüber Programm 16
Zeile:

```
150 INPUT "Anzahl aller Punkte in Ring:  ";N1
160 FOR I=1 TO N1 !            Neupunktnummern
340 Q(1)=Q/(N-1)
460 FOR I=2 TO N1
520 W9=(N-2)*W2-W1-B(1)
530 W9=W9-INT(W9/(W2*1.5))*2*W2
720 S(N)=SQR(YO^2+XO^2)
```

Streichen der Programmzeilen:

190, 220, 350, 420, 430, 440, 450,730, 740, 930, 1050, 1090, 1100, 1160, 1170.

Eingabe - Datenstruktur **17**

INPUT Anzahl aller Punkte im Ring N1

Steuerparameter Grad oder Gon	Grad = 1 Gon = 2	Text .... max. 30 Z.

Punkt - Nr. Vektor P	P_1	P_2	P_3	P_i	P_{n-1}

Anfangspunkt	P_1	Y_1	X_1	
Anschlußpunkt	P_{n-1}	Y_{n-1}	X_{n-1}	0
Polygonpunkt	-1	-1	-1	B_1
Endpunkt	P_{n-1}	Y_{n-1}	X_{n-1}	

Brechungswinkel B	B_2	B_3	B_4	B_i B_{n-1}

Horizontal-strecken S	S_1	S_2	S_i	S_{n-1}	S_n

Programmausdruck:

```
1370 ! ---------------- daten -------------
1380 DATA 2,'Ringpolygon  HH Stadtpark'
1390 DATA 1406,1,2,3,4,5,1409,807,14,13,12,11,1405
1400 DATA 1406,67956.297,41015.007
1410 DATA 1405,67915.496,40871.147,0
1420 DATA -1,-1,-1,151.1173
1430 DATA 1405,67915.496,40871.147
1460 DATA 161.2183,204.9852,175.9172,186.267,183.8778,113.5122
1470 DATA 126.482,199.1365,201.2908,199.9833,123.1528,173.0435
1480 DATA 146.835,84.735,126.345,156.575,169.185,152.385
1490 DATA 247.791,166.25,157.905,120.43,168.96,122.45
1500 DATA 149.534
```

Berechnungsbeispiel:

Polygonzugberechnung Ringpolygon HH Stadtpark
Orientierungsunbekannte auf Punkt 1406 217.5935 Gon

Brechungs- Winkel	Richtungs- Winkel	Strecken	Koordinaten Rechtswert	Koordinaten Hochwert	Punkt Nr.
	17.5935		67915.496	40871.147	1405
151.1173	368.7121		67956.297	41015.007	1406
		146.835			
161.2183	329.9316		67887.000	41144.460	1
		84.735			
204.9852	334.9181		67811.458	41182.846	2
		126.345			
175.9172	310.8365		67703.644	41248.720	3
		156.575			
186.2670	297.1047		67549.329	41275.240	4
		169.185			
183.8778	280.9838		67380.317	41267.545	5
		152.385			
113.5122	194.4972		67234.677	41222.698	1409
		247.791			
126.4820	120.9804		67256.065	40975.827	807
		166.250			
199.1365	120.1182		67413.365	40922.021	14
		157.905			
201.2908	121.4102		67563.448	40872.944	13
		120.430			
199.9833	121.3948		67677.130	40833.199	12
		168.960			
123.1528	44.5488		67836.635	40777.476	11
		122.450			
173.0435	17.5935		67915.496	40871.147	1405
		149.534			

Winkelfehler .0161
Koordinatenfehler -.030 -.035

18 Freier Polygonzug

Bei einem freien Polygonzug wird eine passende Polygonseite als Abszissenachse gewählt. Die Berechnung erfolgt im übrigen ebenso wie in Abschnitt 16. Jedoch entfällt, da keine Anschlüsse vorhanden sind, die Berechnung von Abschlußfehlern und damit eine Verprobung von Messung und Rechnung.

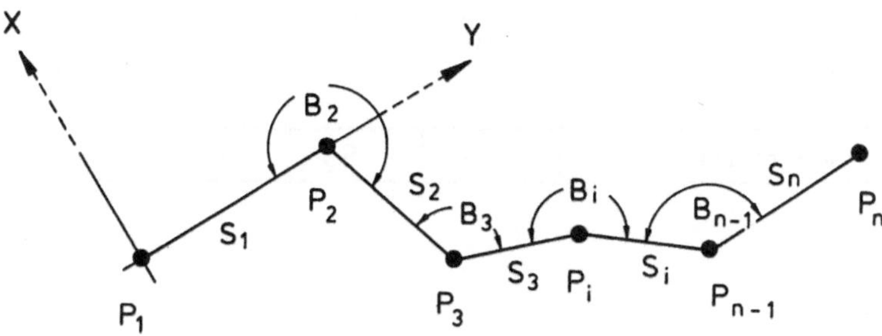

Abb. **18** Freier Polygonzug

Gegeben:
- Koordinaten der Punkte P_1 und P_2 im lokalen Koordinatensystem $P_1(0,0)$, $P_2(S_1,0)$
- Brechungswinkel B_2, B_3 .... B_{n-1}
- Polygonseiten S_1, S_2 .... S_n

Gesucht:
- Koordinaten der Punkte P_3 ..... P_n

Anmerkung: Sind die Punkte P_1 und P_n in einem übergeordneten Koordinatensystem gegeben, so können nach Berechnung als freier Zug die lokalen Koordinaten durch eine Ähnlichkeitstransformation mit 2 identischen Punkten in das maßgebliche System umgeformt werden.

Eingabe - Datenstruktur 18

INPUT Anzahl aller Punkte N

Steuerparameter Grad oder Gon	Grad = 1 Gon = 2	Text .... max. 30 Z.

Punkt-Nr. Vektor	P_1	P_2	P_i	P_n

Polygonpunkt	P_1	Y_1	X_1
Polygonpunkt	P_2	Y_2	X_2

Brechungswinkel	B_2	B_3	B_i	B_{n-1}

Horizontalstrecken	S_1	S_2	S_i	S_n

Programmausdruck:

```
100 ! Freier Polygonzug
110 ! max. ausgelegt fuer 30 Neupunkte
120 DIM Y(32),X(32),B(30),A(32),S(30)
130 DIM A$[40],B$[40]
140 INTEGER I,N,F1,P(32)
150 OPTION ANGLE DEGREES
160 W1,S1,A=0 @ B,F=1 @ W2=180
170 ! ------------- Einlesen der Daten -----------
180 READ F1,A$ !                    Parameter Alt o. Neugrad
190 IF F1=1 THEN 210
200 F=9/10 @ W2=200
210 INPUT "Anzahl aller Punkte:  ";N
220 FOR I=1 TO N
230 READ P(I)
240 NEXT I
250 READ P(1),Y(1),X(1) !       Anfangspunkt
260 READ P(2),Y(2),X(2)
270 GOSUB 870
280 A(1)=A
290 FOR I=2 TO N-1
300 READ Z !                    Brechungswinkel
310 IF F1=1 THEN GOSUB 790
320 B(I)=Z
330 A(I)=A(I-1)+B(I)-W2
340 IF A(I)<0 THEN A(I)=A(I)+2*W2
350 NEXT I
360 FOR I=1 TO N-1
370 READ S(I)
380 Y(I+1)=Y(I)+S(I)*SIN(A(I)*F)
390 X(I+1)=X(I)+S(I)*COS(A(I)*F)
400 NEXT I
410 IF F1=2 THEN 540
420 FOR I=1 TO N
430 Z=B(I) @ GOSUB 830
440 B(I)=Z @ NEXT I
450 FOR I=0 TO N
460 Z=A(I) @ GOSUB 830
470 A(I)=Z @ NEXT I
480 Z=W9 @ GOSUB 830
490 W9=Z
500 Z=Q(1) @ GOSUB 830
510 Q(1)=Z
520 Z=Q(2) @ GOSUB 830
530 Q(2)=Z
540 ! --------------- Ausdruck ---------
550 IF F1=2 THEN C$=" Gon" ELSE C$=" Grad"
560 PRINT USING 570 ; "Freier Polygonzug",A$
570 IMAGE 5x,30a,25a
580 PRINT USING 590
590 IMAGE 5x,60("-"),/
600 PRINT "      Brechungs- Richtungs-  Strecken      Koordin
aten        Punkt"
610 PRINT "             Winkel                       Rechtswert
  Hochwert   Nr."
620 PRINT
```

```
630 PRINT USING 640 ; A(1),Y(1),X(1),P(1)
640 IMAGE 16x3d.4d,13x,2(6d.3d,2x),4d
650 PRINT USING 710 ; S(1)
660 FOR I=2 TO N-1
670 PRINT USING 680 ; B(I),A(I),Y(I),X(I),P(I)
680 IMAGE 6x,2(3d.4d,2x),11x,2(6d.3d,2x),4d
690 IF I=N THEN 730
700 PRINT USING 710 ; S(I)
710 IMAGE 27x,4d.3d
720 NEXT I
730 PRINT USING 740 ; Y(N),X(N),P(N)
740 IMAGE /,37x,2(6d.3d,2x),4d,/
750 PRINT USING 590
760 IMAGE 15x,24a,3d.3d
770 PRINT @ PRINT
780 STOP
790 ! ---------------- Winkeldezimale -------
800 Z1=INT(Z) @ Z2=(Z-Z1)*100 @ Z3=INT(Z2)
810 Z4=(Z2-Z3)*100 @ Z=Z1+(Z3+Z4/60)/60
820 RETURN
830 ! ------------ Umrechn. in grad.min.sek -------
840 Z1=INT(Z) @ Z2=FP(Z) @ Z3=Z2*60
850 Z4=INT(Z3) @ Z5=FP(Z3)*60 @ Z=Z1+Z4/100+Z5/10000
860 RETURN
870 ! ------------- Subr. RiWi -----------
880 Y1=Y(2)-Y(1) @ X1=X(2)-X(1)
890 IF Y1=0 THEN Y1=.000001
900 IF X1=0 THEN X1=.000001
910 A=ATN(ABS(Y1)/ABS(X1))/F
920 IF Y1>0 AND X1<0 THEN A=W2-A
930 IF Y1<0 AND X1<0 THEN A=A+W2
940 IF Y1<0 AND X1>0 THEN A=2*W2-A
950 RETURN
960 ! --------------- daten --------
970 DATA 2,'Franzsches Feld'
980 DATA 200,100,1,2,3,300,400
990 DATA 100,0,500
1000 DATA 200,179.2,352.69
1010 DATA 71.153,218.0123,211.5327,212.3319,73.1133
1020 DATA 231.976,148.11,135.25,121.17,138.28,271.876
```

Berechnungsbeispiel:

Freier Polygonzug Franzsches Feld

Brechungs- Winkel	Richtungs- Winkel	Strecken	Koordinaten Rechtswert	Koordinaten Hochwert	Punkt Nr.
	143.8018		0.000	500.000	100
		231.976			
71.1530	14.9548		179.200	352.690	200
		148.110			
218.0123	32.9671		213.673	496.732	1
		135.250			
211.5327	44.4998		280.624	614.249	2
		121.170			
212.3319	56.8317		358.591	707.003	3
		138.280			
73.1133	329.9450		466.280	793.746	300
		271.876			
			223.930	916.966	400

19 Ähnlichkeitstransformation

Bei der Ähnlichkeitstransformation ist das zu transformierende Punktfeld P_i in den beiden Koordinatenrichtungen um X_o und Y_o zu verschieben, um den Winkel φ zu drehen und durch den Maßstabsfaktor q zur Übereinstimmung zu bringen.
Die Anwendung bezieht sich auf die Transformation der Koordinaten eines lokalen Systems in ein globales System und umgekehrt, sowie die Transformation sich überlappender globaler Koordinatensysteme.
Hierbei sind für die Dateneingabe im Programm die U-V-Koordinaten immer als gegeben und die X-Y-Koordinaten immer als gesucht zu setzen.

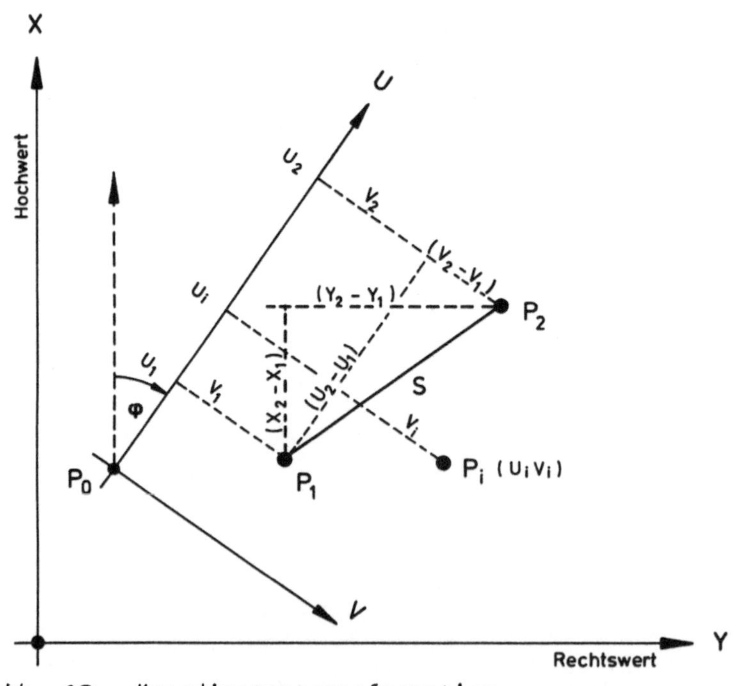

Abb. 19 Koordinatentransformation

Gegeben:
- Koordinaten der Punkte P_1 und P_2 im X-Y- System und U-V- System
- Koordinaten der Punkte P_i im U-V-System (Ausgangs-System)

Gesucht:
- Koordinaten der Punkte P_i im X-Y-System (Ziel-System)

Formelzusammenstellung

$$S1 = \sqrt{(X_2-X_1)^2 + (Y_2-Y_1)^2} \tag{1}$$

$$S9 = \sqrt{(U_2-U_1)^2 + (V_2-V_1)^2} \tag{2}$$

Transformationsparameter

$$q = S1/S9 \tag{3}$$

$$\varphi = \text{arc cos}((X_2-X_1)/S1) - \text{arc cos}((U_2-U_1)/S9) \tag{4}$$

$$o = q.\sin\varphi \quad , \quad a = q.\cos\varphi \tag{5}$$

Koordinaten im X-Y- System

$$X_i = X_1 + a.(U_i-U_1) - o.(V_i-V_1) \tag{6}$$

$$Y_i = Y_1 + o.(U_i-U_1) + a.(V_i-V_1) \tag{7}$$

Wenn $P_o = P_1$ und S mit der Abszissenachse zusammenfällt, dann folgt für die Berechnung der Koordinaten im X-Y- System

$$X_i = X_o + a.U_i - o.V_i \tag{8}$$

$$Y_i = Y_o + o.U_i + a.V_i \tag{9}$$

Programmausdruck:

```
10   ! ------------------------------------------------------------
20   ! Aehnlichkeitstransformation  2 identische Punkte
30   ! Parameter:
40   ! X ,Y  Koordinaten der ident. Punkte im Ziel-System
50   ! U ,V   Koordinaten der Punkte im Ausgangs-System
60   ! P1,P2  Punktnummern
70   ! N1     Anzahl aller Punkte im Ausgangs- System
80   ! O, A, q   Transformationsparameter
90   ! ------------------------------------------------------------
100  DIM Y(51),X(51),U(51),V(51),Y2(51),X2(51)
110  DIM T1$[40]
120  INTEGER P1(51),P2(51),I,I1
130  GRAD
140  T1$="Transformationsparameter : "
150  W=0
160  ! -- Einlesen der identischen Punkte im Ziel- System --
170  FOR I=1 TO 3
180  READ P1(I),Y(I),X(I)
190  IF P1(I)=-1 THEN 230
200  NEXT I
210  ! -------- Einlesen der Punkte im Ausgangs-System ------
220  !  Reihenfolge der identischen Punkte muss gleich sein !
230  FOR I=1 TO 99
240  READ P2(I),V(I),U(I)
250  IF P2(I)=-1 THEN 270
260  NEXT I
270  N1=I-1
280  GOSUB 300
290  END
300  ! ------ Berechnung der Transformationsparameter -----
310  S1=SQR((X(2)-X(1))^2+(Y(2)-Y(1))^2)
320  S9=SQR((U(2)-U(1))^2+(V(2)-V(1))^2)
330  Q=S1/S9
340  IF Y(1)=Y(2) THEN 370
350  W=ACS((X(2)-X(1))/S1)-ACS((U(2)-U(1))/S9)
360  IF W<0 THEN W=W+200
370  O=((U(2)-U(1))*(Y(2)-Y(1))-(V(2)-V(1))*(X(2)-X(1)))/S9^2
380  A=((V(2)-V(1))*(Y(2)-Y(1))+(U(2)-U(1))*(X(2)-X(1)))/S9^2
390  ! ----------------- Transformation -------------------
400   X2(1)=X(1)
410   Y2(1)=Y(1)
420  FOR I=2 TO N1
430  X2(I)=X(1)+A*(U(I)-U(1))-O*(V(I)-V(1))
440  Y2(I)=Y(1)+O*(U(I)-U(1))+A*(V(I)-V(1))
450  NEXT I
460  ! -------------- Ergebnisausgabe --------------------
470  PRINT TAB(9),"Aehnlichkeitstransformation"
480  PRINT USING 490
490  IMAGE 8X,55("-")/
500  PRINT USING 560;T1$,"O = ",O,"A  = ",A
510  PRINT USING 570;"Masstabsfaktor",Q
520  IF W=0 THEN 540
530  PRINT USING 580;"Drehwinkel ";W,"[gon]"
540  PRINT USING 590;"Strecke im Ausgangs-System ";S9
550  PRINT USING 590;"Strecke im Transf. -System ";S1
```

```
560   IMAGE 8X,27A,5A, D.6D,2X,5A, D.6D
570   IMAGE 8 X,15A,2D.9D
580   IMAGE 8X,13A,5D.4D,X,5A
590   IMAGE 8X,K,5D.3D
600  PRINT USING 490
610  PRINT USING 620;"Ausgangs-System","TRANSF. SYSTEM"
620   IMAGE 19X,K,12X,K
630  PRINT USING 640;"Pkt.Nr.    V(Rechts)    U(Hoch)","Y(Re
     chts)    X(Hoch)"
640   IMAGE  8X,K,6X,K,/
650   PRINT
660   FOR I=1 TO N1
670   IF I=3 THEN PRINT
680   PRINT USING 690;P2(I),V(I),U(I),Y2(I),X2(I)
690  IMAGE  8X,5D,3X,2(6D.3D,X),3X,2(6D.3D,X)
700   NEXT I
710   RETURN
720   ! ------------------- DATEN 1 -----------------------
730   DATA 1,0,0
740   DATA 4, 0,115.60
750   DATA -1,-1,-1
760   DATA 1,28,80
770   DATA 4,120,150
780   DATA 2,92,100
790   DATA 3,50,126
800   DATA -1,-1,-1
810   ! -------------------- DATEN 2 -----------------------
820   DATA 1,6935.27,8922.55
830   DATA 2,8511.77,9772.69
840   DATA -1,-1,-1
850   DATA 1,7319.35,8802.06
860   DATA 2,8858.81,9717.54
870   DATA 3,8338.99,8586.69
880   DATA 4,7918.31,9538.01
890   DATA -1,-1,-1
```

Anmerkung:

Die Eingabe-Datenstruktur für das Programm Ähnlichkeitstransformation mit 2 identischen Punkten ist mit der der Helmert-Transformation identisch und in dem Abschnitt 20 dargestellt.

Berechnungsbeispiel:

```
Aehnlichkeitstransformation
------------------------------------------------------------------

Transformationsparameter : O =  -.795810  A  =  .605507
Masstabsfaktor    .999976055
Strecke im Ausgangs-System   115.603
Strecke im Transf. -System   115.600
------------------------------------------------------------------

             Ausgangs-System              TRANSF.  SYSTEM
Pkt.Nr.    V(Rechts)    U(Hoch)        Y(Rechts)     X(Hoch)


     1         28.000      80.000           0.000        0.000
     4        120.000     150.000            .000      115.600

     2         92.000     100.000          22.836       63.042
     3         50.000     126.000         -23.286       45.361




Aehnlichkeitstransformation
------------------------------------------------------------------

Transformationsparameter : O =    .041925  A  =  .999128
Masstabsfaktor   1.000007722
Drehwinkel          2.6698 [gon]
Strecke im Ausgangs-System  1791.100
Strecke im Transf. -System  1791.114
------------------------------------------------------------------

             Ausgangs-System              TRANSF.  SYSTEM
Pkt.Nr.    V(Rechts)    U(Hoch)        Y(Rechts)     X(Hoch)


     1      7319.350    8802.060        6935.270     8922.550
     2      8858.810    9717.540        8511.770     9772.690

     3      8338.990    8586.690        7944.992     8664.619
     4      7918.310    9538.010        7564.563     9632.747
```

20 Helmert-Transformation

Die Helmert-Transformation ist eine Ähnlichkeitstransformation, die angewendet wird, wenn die Anzahl der identischen Punkte beider Koordinatensysteme größer als 2 ist.

Gegeben: - Koordinaten der Punkte P_1, P_2, ... P_n im X-Y-System und U-V-System als identische Punkte.

- Koordinaten der Punkte P_i im U-V-System

Gesucht: - Koordinaten der Punkte P_i im X-Y-System

Um numerisch günstige Gleichungen zu erhalten, erfolgt die Bestimmung der Transformationsparameter über die Schwerpunktskoordinaten X_0, Y_0, U_0 und V_0 der n identischen Punkte.

Formelzusammenstellung

Koeffizienten der Transformationsparameter

$$S1 = \sum (U_i - U_0) \cdot (X_i - X_0) \quad ; \quad S2 = \sum (V_i - V_0) \cdot (Y_i - Y_0)$$

$$S3 = \sum (V_i - V_0)^2 + (U_i - U_0)^2 \ .$$

$$S4 = \sum (U_i - U_o) \cdot (Y_i - Y_0) \quad ; \quad S5 = \sum (V_i - V_0) \cdot (X_i - X_0)$$

Transformationsparameter

$$A1 = (S1 + S2) \ / \ S3 \qquad (1)$$

$$B1 = (S4 + S5) \ / \ S3 \qquad (2)$$

$$q = A1^2 + B1^2 \qquad (3)$$

$$\varphi = \arctan(B1 \ / \ A1) \qquad (4)$$

Transformationsgleichungen

$$X_i = A_0 + A1 \cdot U_i - B1 \cdot V_i \qquad (5)$$

$$Y_i = B_0 + B1 \cdot U_i + A1 \cdot V_i \qquad (6)$$

mit den Koordinaten der Drehpunktes

$$A_0 = X_0 - A1 \cdot U_0 + B1 \cdot V_0 \qquad (7)$$

$$B_0 = Y_0 - B1 \cdot U_0 - A1 \cdot V_0 \qquad (8)$$

Restklaffungen

$$x_r = U_i - X_i \qquad (9)$$

$$y_r = V_i - Y_i \qquad (10)$$

Eingabe Datenstruktur **19 - 20**

Identische Punkte im Ziel - System	P_1	Y_1	X_1
	⋮	⋮	⋮
	P_n	Y_n	X_n
Datenabschluß	-1	-1	-1

Identische Punkte im Ausgangs - System	P_1	V_1	U_1
	⋮	⋮	⋮
	P_n	V_n	U_n
Beliebige Punkte im Ausgangs - System	P_i	V_i	U_i
	⋮	⋮	⋮
Datenabschluß	-1	-1	-1

Programmausdruck:

```
10  ! -------------------------------------------------------
20  ! Helmert-Transformation;  Aehnlichkeitstransformation
30  ! mit mehr als  2  identischen Punkten
40  ! Parameter:
50  ! X ,Y  Koordinaten der ident. Punkte im Ziel-System
60  ! U ,V   Koordinaten der Punkte im Ausgangs-System
70  ! P1,P2  Punktnummern
80  ! N      Anzahl der identischen Punkte
90  ! N1     Anzahl aller Punkte im Ausgangs- System
100 ! A0,A1,B0,B1  Transformationsparameter
110 ! --------------------------------------------------------
120 OPTION BASE 1
130 DIM Y(21),X(21),U(101),V(101),Y2(101),X2(101)
140 DIM V2(101),V3(101),T1$[40]
150 INTEGER P1(21),P2(101),I,I1
160 GRAD
170 T1$="Transformationsparameter : "
180 ! -- Einlesen der identischen Punkte im Ziel- System --
190 FOR I=1 TO 21
200 READ P1(I),Y(I),X(I)
210 IF P1(I)=-1 THEN 230
220 NEXT I
230 N=I-1
240 ! -------- Einlesen der Punkte im Ausgangs-System ------
250 !  Reihenfolge der identischen Punkte muss gleich sein !
260 FOR I=1 TO 99
270 READ P2(I),V(I),U(I)
280 IF P2(I)=-1 THEN 300
290 NEXT I
300 N1=I-1
310 GOSUB 330
320 END
330 ! -----------Berechnung des Schwerpunktes -----------
340 X0=Y0=U0=V0=0
350 FOR I=1 TO N
360 X0=X0+X(I)
370 Y0=Y0+Y(I)
380 U0=U0+U(I)
390 V0=V0+V(I)
400 NEXT I
410 X0=X0/N
420 Y0=Y0/N
430 U0=U0/N
440 V0=V0/N
450 ! ------ Berechnung der Transformationsparameter -----
460 S1=S2=S3=S4=S5=0
470 FOR I=1 TO N
480 X1=X(I)-X0
490 Y1=Y(I)-Y0
500 U1=U(I)-U0
510 V1=V(I)-V0
520 S1=S1+U1*X1
530 S2=S2+V1*Y1
540 S3=S3+V1^2+U1^2
550 S4=S4+U1*Y1
```

```
560  S5=S5+V1*X1
570  NEXT I
580  A1=(S1+S2)/S3
590  B1=(S4-S5)/S3
600  A0=X0-A1*U0+B1*V0
610  B0=Y0-B1*U0-A1*V0
620  M=SQR(A1*A1+B1*B1)
630  A=ATN(B1/A1)
640  IF A<0 THEN A=A+200
650  ! ----------------- Transformation -------------------
660  FOR I=1 TO N1
670  X2(I)=A0+A1*U(I)-B1*V(I)
680  Y2(I)=B0+B1*U(I)+A1*V(I)
690  NEXT I
700  ! ---------------  Fehlerrechnung --------------------
710  V1=0
720  FOR I=1 TO N
730  V2(I)=Y(I)-Y2(I)
740  V3(I)=X(I)-X2(I)
750  V1=V1+V2(I)^2+V3(I)^2
760  NEXT I
770  I0=2*N-4
780  IF I0=0 THEN 970
790  R1=SQR(V1/(N-2))
800  ! -------------- Ergebnisausgabe ---------------------
810  PRINT TAB(9),"Helmert-Transformation"
820  PRINT USING 830
830  IMAGE 8X,62("-")/
840  PRINT USING 890;T1$,"A0 = ",A0,"B0 = ",B0
850  PRINT USING 900;"A1 = ",A1,"B1 = ",B1
860  PRINT USING 910;"Mittlerer Punktfehler     ",R1," [m]"
870  PRINT USING 920;"Freiheitsgrad",I0,"Masstabsfaktor",M
880  PRINT USING 930;"Drehwinkel ";A,"[gon]"
890   IMAGE 8X,27A,5A,6D.4D,2X,5A,6D.4D
900   IMAGE 35X,5A,6D.4D,2X,5A,6D.4D
910   IMAGE 8X;25A,2D.3D,4A
920   IMAGE 8 X,13A,5D,10X,15A,2D.9D
930   IMAGE 8X,13A,5D.4D,X,5A
940  PRINT USING 830
950  PRINT USING 960;"Ausgangs-System","TRANSF. SYSTEM","Re
     stklaffungen"
960   IMAGE 17X,K,8X,K,2X,K
970  PRINT USING 980;"Pkt.Nr.  V(Rechts)  U(Hoch)","Y(Rech
   ts)   X(Hoch)","DY       DX"
980   IMAGE  8X,K,3X,K,3X,K,/
990  FOR I=1 TO N
1000 PRINT USING 1010;P1(I),Y(I),X(I)
1010 IMAGE  8X,5D,24X,2(5D.3D, X)
1020 NEXT I
1030 PRINT
1040 FOR I=1 TO N
1050 PRINT USING 1060;P2(I),V(I),U(I),Y2(I),X2(I),V2(I),V3(I)
1060 IMAGE  8X,5D,2X,2(5D.3D,X),2X,2(5D.3D,X),2(2D.3D,X)
1070 NEXT I
1080  PRINT
```

```
1090 N2=N+1
1100  FOR I=N2 TO N1
1110  PRINT USING 1120;P2(I),V(I),U(I),Y2(I),X2(I)
1120 IMAGE  8X,5D,2X,2(5D.3D,X),2X,2(5D.3D,X)
1130  NEXT I
1140  RETURN
1150  ! --------------------- DATEN 1 -----------------------
1160  ! Beispiel: Transformation Photogrammetrischer Koord-
                 in Landeskoordinaten
1170  DATA 6,903.75,691.65
1180  DATA 7,1156.38,644.05
1190  DATA 8,1218.11,773.74
1200  DATA 13,1426.06,236.35
1210  DATA 14,1186.39,59.36
1220  DATA 15,891.72,92.96
1230  DATA -1,-1,-1
1240  DATA 6,264.54,576.00
1250  DATA 7,326.28,558.16
1260  DATA 8,344.76,588.95
1270  DATA 13,383.70,450.24
1280  DATA 14,319.84,411.93
1290  DATA 15,247.29,427.32
1300  DATA 100,378.455,500.300
1310  DATA 101,310.222,470.535
1320  DATA -1,-1,-1
```

Berechnungsbeispiel:

```
Helmert-Transformation
-------------------------------------------------------------------------

Transformationsparameter : A0 =  -1702.6859  B0 =      69.9787
                           A1 =      3.9816  B1 =      -.3812
Mittlerer Punktfehler      .084 [m]
Freiheitsgrad     8        Masstabsfaktor   3.999847624
Drehwinkel      193.9232 [gon]
-------------------------------------------------------------------------

          Ausgangs-System          TRANSF. SYSTEM   Restklaffungen
Pkt.Nr.  V(Rechts)   U(Hoch)    Y(Rechts)    X(Hoch)     DY        DX

     6                           903.750    691.650
     7                          1156.380    644.050
     8                          1218.110    773.740
    13                          1426.060    236.350
    14                          1186.390     59.360
    15                           891.720     92.960

     6    264.540    576.000     903.698    691.587     .052      .063
     7    326.280    558.160    1156.326    644.091     .054     -.041
     8    344.760    588.950    1218.169    773.730    -.059      .010
    13    383.700    450.240    1426.093    236.282    -.033      .068
    14    319.840    411.930    1186.430     59.400    -.040     -.040
    15    247.290    427.320     891.695     93.020     .025     -.060

   100    378.455    500.300    1386.125    433.603
   101    310.222    470.535    1125.793    289.078
```

21 Flächenberechnung aus Dreiecksseiten

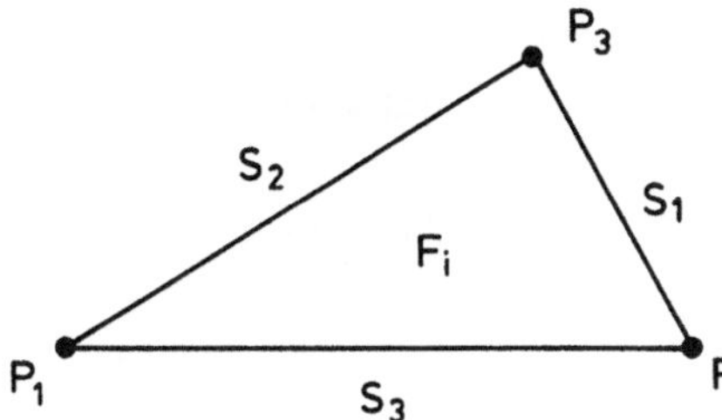

Abb. **20** Ebenes Dreieck

Gegeben: Dreiecksseiten S_1, S_2, und S_3

Gesucht: Teilflächen F_i oder Gesamtfläche eines in Dreiecke zerlegtes Vieleck.

Formelzusammenstellung

$$S_0 = \frac{S_1 + S_2 + S_3}{2} \tag{1}$$

$$F_i = \sqrt{S_0(S_0-S_1)(S_0-S_2)(S_0-S_3)} \tag{2}$$

Eingabe Datenstruktur **21**

Anzahl der Dreiecke	N1

i-tes Dreieck	F$	S_1	S_2	S_3
	⋮	⋮	⋮	⋮
	F$	S_1	S_2	S_3

Daten END	-1

Programmausdruck:

```
100 !  Flaechenberechnung aus Dreieckseiten
110 ! N1....... Anzahl der zuberechnenden Dreiecke
120 ! F$....... Bezeichnung der i-ten Flaeche
130 !
140 DIM F(50),S(3),F$[20]
150 READ N1
160 IF N1=-1 THEN 460
170 PRINT @ PRINT
180 PRINT TAB(11);"Flaechenberechnung aus Dreiecksseiten"
190 PRINT USING 200
200 IMAGE 10x,45("-"),/
210 PRINT TAB(22);"S1         S2         S3      Flaeche"
220 PRINT
230 SO=0 @ F=0
240 FOR I=1 TO N1
250 READ F$,S(1),S(2),S(3)
260 SO=(S(1)+S(2)+S(3))/2
270 FOR J=1 TO 3
280 IF SO<=S(J) THEN 340
290 NEXT J
300 F(I)=SQR(SO*(SO-S(1))*(SO-S(2))*(SO-S(3)))
310 PRINT USING 320 ; F$,S(1),S(2),S(3),F(I)
320 IMAGE 10x,5a,3(2x,4d.3d),3x,5d.d
330 GOTO 350
340 PRINT TAB(12),"Eingabe-Datensatz ";I;" falsch !" @ PRINT
350 NEXT I
360 INPUT "Ausgabe der Gesamtflaeche  J/N ";N$[1,1]
370 IF UPRC$(N$)="N" THEN 150
380 INPUT "Flaechenbezeichnung  ";F$
390 FOR J=1 TO N1
400 F=F+F(J)
410 NEXT J
420 PRINT USING 200
430 PRINT USING 440 ; F$,"Gesamtflaeche ",F
440 IMAGE 10x,5a,3x,15a,15x,5d.d
450 GOTO 150
460 DISP "Ende der Berechnung "
470 END
480 ! ---------------------- Daten -------------------------

490 DATA 2
500 DATA 1,20.33,34.56,43.72
510 DATA 2,50,30,40
520 DATA 6
530 DATA 1,14.715,17.767,22.649
540 DATA 2,22.649,24.227,12.673
550 DATA 3,24.227,17.06,21.893
560 DATA 4,21.893,22.759,13.311
570 DATA 5,22.759,19.614,26.599
580 DATA 6,26.599,21.72,9.718
590 DATA -1
```

Berechnungsbeispiel:

```
Flaechenberechnung aus Dreiecksseiten
---------------------------------------------

              S1         S2         S3     Flaeche

1         20.330     34.560     43.720       343.0
2         50.000     30.000     40.000       600.0


Flaechenberechnung aus Dreiecksseiten
---------------------------------------------

              S1         S2         S3     Flaeche

1         14.715     17.767     22.649       130.6
2         22.649     24.227     12.673       141.9
3         24.227     17.060     21.893       181.0
4         21.893     22.759     13.311       141.5
5         22.759     19.614     26.599       217.8
6         26.599     21.720      9.718        99.4
---------------------------------------------

33/5     Gesamtflaeche                       912.3
```

22 Flächenberechnung aus Orthogonalkoordinaten

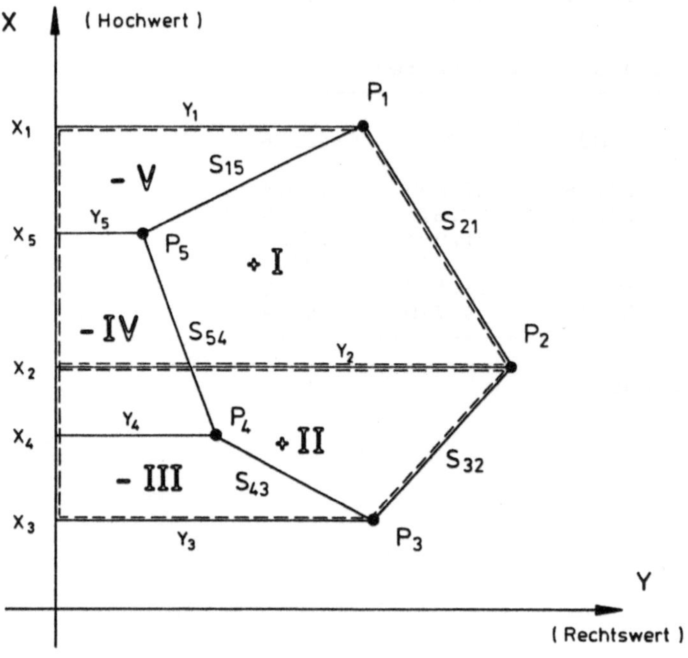

Abb. 21 Polygon

Gegeben: - Koordinaten der Punkte P_1 .... P_N

Gesucht: - Polygonfläche F

- Spannmaße $S_{i,i+1}$ bei Steuerparameter K=2

Eingabe Datenstruktur 22

Anzahl der Eckpunkte	Bezeichnung der Fläche	
Punkt Nr.	Rechtswert	Hochwert
P_i	Y_i	X_i

Die doppelte Fläche eines Vielecks, deren Eckpunkte durch Koordinaten bekannt sind, ergibt sich aus der Summe seiner Trapeze. Aus der Abbildung kann folgende Gleichung geschrieben werden:

(1)

$$\begin{aligned}2F = \;& (Y_1 + Y_2) \cdot (X_1 - X_2) && \text{Trapez I}\\ +\;& (Y_2 + Y_3) \cdot (X_2 - X_3) && \text{II}\\ +\;& (Y_3 + Y_4) \cdot (X_3 - X_4) && -\ \text{III}\\ +\;& (Y_4 + Y_5) \cdot (X_4 - X_5) && -\ \text{IV}\\ +\;& (Y_5 + Y_1) \cdot (X_5 - X_1) && -\ \text{V}\end{aligned}$$

Durch Ausmultiplizieren der Gleichung und Ordnen nach aufsteigenden Y_i oder X_i folgt:

(2a)

$$2F = Y_1(X_5-X_2) + Y_2(X_1-X_3) + Y_3(X_2-X_4) + Y_4(X_3-X_5) + Y_5(X_4-X_1)$$

oder

(2b)

$$2F = X_1(Y_2-Y_5) + X_2(Y_3-Y_1) + X_3(Y_4-Y_2) + X_4(Y_5-Y_3) + X_5(Y_1-Y_4)$$

in anderer Schreibweise erhält man die bekannte Gauß'sche Flächenformel:

(3a)

$$2F = \sum_{i=1}^{n} Y_i(X_{i-1} - X_{i+1})$$

(3b)

$$2F = \sum_{i=1}^{n} X_i(Y_{i+1} - Y_{i-1})$$

‖ für $i=1$ gilt $i-1 = n$ ‖
‖ für $i=n$ gilt $i+1 = 1$ ‖

Die Spannmaße ergeben sich zu:

(4)

$$s_{i,i+1} = \sqrt{(Y_i - Y_{i+1})^2 + (X_i - X_{i+1})^2}$$

Programmausdruck:

```
100 REM Flaechenberechnung aus Koordinaten
110 REM nach der GAUSS'schen Flaechenformel
120 REM ------------------------------------
130 REM          N1= Anzahl der Berechnungen
140 REM          K = 1 ohne Spannmasze
150 REM          K = 2 mit  Spannmasze
160 REM ------------------------------------
170 DIM P(50),Y(50),X(50),S(50),B$[20],B1$[21]
180 INPUT " Parameter Eingabe ... N1, K " ;N1,K
190 IF K>2 THEN K=2
200 FOR J=1 TO N1
210 READ A,A$ ! Anzahl der Eckpunkte, Flaechen Nr.
220 N=A+1 @ F=0 @ B$="Spannmasz nach Pkt."
230 B1$="--------------------"
240 FOR I=2 TO N
250 READ P(I),Y(I),X(I)
260 NEXT I
270 P(1)=P(N) @ Y(1)=Y(N) @ X(1)=X(N)
280 P(N+1)=P(2) @ Y(N+1)=Y(2) @ X(N+1)=X(2)
290 FOR I=2 TO N
300 F=F+Y(I)*(X(I-1)-X(I+1))
310 S(I)=SQR((Y(I)-Y(I-1))^2+(X(I)-X(I-1))^2)
320 NEXT I
330 IF F<0 THEN F=F*-1
340 REM -------------- Ausdruck --------------
350 IF K=1 THEN B$,B1$=""
360 PRINT USING 370 ; "Flaechenberechnung aus Koordinaten"
370 IMAGE 15X,40A
380 PRINT USING 390 ; B1$
390 IMAGE 15X,36("-"),21A,/
400 PRINT USING 410 ; "Punkt Nr.   Rechtswert     Hochwert",B$
410 IMAGE 15X,35A,3X,20A,/
420 ON K GOTO 430,490
430 FOR I=2 TO N
440 PRINT USING 450 ; P(I),Y(I),X(I)
450 IMAGE 17X,5D,5X,6D.3D,3X,6D.3D
460 NEXT I
470 PRINT USING 390
480 GOTO 540
490 FOR I=2 TO N
500 PRINT USING 510 ; P(I),Y(I),X(I),S(I),P(I-1)
510 IMAGE 17X,5D,5X,6D.3D,3X,6D.3D,3X,4D.3D,3X,5D
520 NEXT I
530 PRINT USING 390 ; B1$
540 PRINT USING 550 ; "Flaeche ",A$,"= ....... ",F/2," qm"
550 IMAGE 17X,8A,6A,10A,5D.D,3A,//
560 NEXT J
570 END
580 REM -------------- Datensaetze ------------------------
590 DATA 5,"33/2"
600 DATA 1,0,48.47
610 DATA 2,6.75,47.7
620 DATA 3,7.32,48.09
630 DATA 4,3.75,50.47
640 DATA 5,-3.75,50.47
660 DATA 8,"12/31"
670 DATA 11,15322.04,39622.37
680 DATA 12,15321.18,39632.05
690 DATA 13,15323.37,39645.18
700 DATA 102,15323.95,39657.84
710 DATA 16,15335.17,39667.36
720 DATA 27,15346.16,39653.4
730 DATA 28,15343.49,39636.55
740 DATA 30,15343.07,39616.94
```

Berechnungsbeispiel:

Flaechenberechnung aus Koordinaten

Punkt Nr.	Rechtswert	Hochwert
1	0.000	48.470
2	6.750	47.700
3	7.320	48.090
4	3.750	50.470
5	-3.750	50.470

Flaeche 33/2 = ... 17.1 qm

Flaechenberechnung aus Koordinaten

Punkt Nr.	Rechtswert	Hochwert	Spannmasz	nach Pkt.
11	15322.040	39622.370	21.720	30
12	15321.180	39632.050	9.718	11
13	15323.370	39645.180	13.311	12
102	15323.950	39657.840	12.673	13
16	15335.170	39667.360	14.715	102
27	15346.160	39653.400	17.767	16
28	15343.490	39636.550	17.060	27
30	15343.070	39616.940	19.614	28

Flaeche 12/31 = ... 912.3 qm

23 Flächenberechnung aus Polarkoordinaten

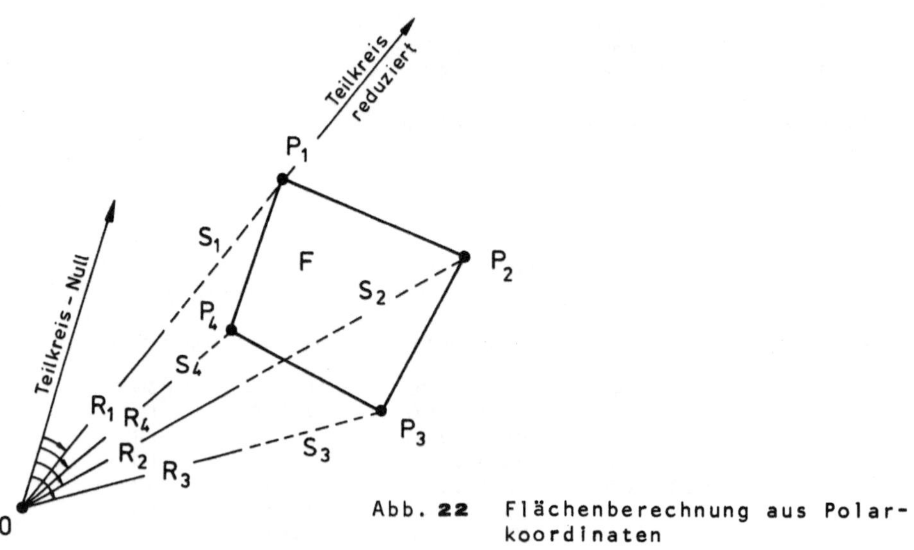

Abb. 22 Flächenberechnung aus Polarkoordinaten

Gegeben: - Polarkoordinaten der Punkte P_1 ...... P_N

Gesucht: - Fläche F eines beliebigen Vielecks

Anmerkung: Liegt der Koordinatennullpunkt 0 außerhalb der zu berechnenden Fläche, so ist der Steuerparameter K = 1 , liegt er innerhalb der Fläche, ist K = 2 zu setzen.

Die Richtungen R_i müssen im 400 Gon-Kreisteilungsmodus gegeben sein.

Formel:

Teilfläche $F_i = (S_{i+1} \cdot S_i \cdot \sin(R_{i+1} - R_i))/2$

für i= 1,2, ...

$F = F_1 + F_2 + F_i$ ......

Eingabe — Datenstruktur 23

Parameterzeile	K	N	F$

Polarkoordinaten	P_1	R_1	S_1
	P_i	R_i	S_i
	P_N	R_N	S_N

Daten END	-1	-1	-1

Programmausdruck:

```
100 ! Flaechenberechnung aus Polarkoordinaten
110 ! K...... Steuerparamerter Koordinatennullpunkt
120 !       =  1  ausserhalb der Flaeche
130 !       =  2  innerhalb der Flaeche
140 ! N...... Anzahl der Eckpunkte
150 ! F$..... Fleachenbezeichnung
160 ! ---------------------------------------------------
170 DIM P(30),R(30),R1(30),S(30)
180 OPTION ANGLE DEGREES
190 A1=9/10
200 READ K,N,F$
210 IF K=-1 THEN 550
220 F=0
230 PRINT @ PRINT
240 PRINT TAB(11);"Flaechenberechnung aus Polarkoordinaten"
250 PRINT USING 260
260 IMAGE 10x,40("-")
270 PRINT TAB(12);"Pkt.Nr    Richtung       Strecke "
280 PRINT
290 FOR I=1 TO N
300 READ P(I),R1(I),S(I)
310 R(I)=R1(I)*A1
320 NEXT I
330 RO=R(1)
340 FOR I=1 TO N
350 R(I)=R(I)-RO !       Reduktion auf die 1. Richtung
360 IF R(I)<0 THEN R(I)=R(I)+360
370 NEXT I
380 P(N+1)=P(1) @ R(N+1)=360 @ S(N+1)=S(1)
390 FOR I=1 TO N
400 A=2
410 W1=R(I+1)-R(I)
420 ON K GOTO 430,440
430 IF W1<0 THEN A=-2
440 F1=S(I+1)*S(I)*SIN(ABS(W1))/A
450 F=F+F1
460 NEXT I
470 FOR I=1 TO N
480 PRINT USING 490 ; P(I),R1(I),S(I)
490 IMAGE 12x,5d,5x,4d.4d,4x,4d.3d
500 NEXT I
510 PRINT USING 260
520 PRINT USING 530 ; F$,"Flaeche ...... ",F;" qm"
530 IMAGE 12x,7a,2x,15a,5d.d,3a
540 GOTO 200
550 DISP "Programmende "
560 STOP
570 ! ---------------- Daten -------
580 DATA 1,4,"17/5"
590 DATA 1,38.55,15.811
600 DATA 2,64.438,18.868
610 DATA 3,80.997,13.601
620 DATA 4,50,9.899
630 DATA 2,5,"36/2"
640 DATA 1,12.5666,50.99
650 DATA 2,70.4833,22.361
660 DATA 3,112.5666,50.99
670 DATA 4,200,40
680 DATA 5,284.4042,41.231
690 DATA -1,-1,-1
```

```
Flaechenberechnung aus Polarkoordinaten
----------------------------------------
 Pkt.Nr      Richtungsw.     Strecke

      1          38.5500      15.811
      2          64.4380      18.868
      3          80.9970      13.601
      4          50.0000       9.899
----------------------------------------
  17/5       Flaeche ......     46.5 qm
```

```
Flaechenberechnung aus Polarkoordinaten
----------------------------------------
 Pkt.Nr      Richtungsw.     Strecke

      1          12.5666      50.990
      2          70.4833      22.361
      3         112.5666      50.990
      4         200.0000      40.000
      5         284.4042      41.231
----------------------------------------
  36/2       Flaeche ......   3550.0 qm
```

24 Polare Aufnahme bei freier Stationierung

Bei der freien Stationierung werden zu nahegelegenen Anschlußpunkten Polarkoordinaten gemessen und in ein örtliches Orthogonalsystem (U,V) mit dem Koordinatenursprung im Standpunkt P_o umgerechnet. Das örtliche System ist das Ausgangssystem, das durch Transformation in das Zielsystem (X,Y) überführt wird. Die Anschlußpunkte sind die identischen Punkte. Der Aufnahmestandpunkt ist in der Regel kein identischer Punkt, dessen Koordinaten jedoch im Zielsystem mit Hilfe der Transformationsparameter bestimmt werden können. Bei bekannten Höhen der Festpunkte wird im Programm zusätzlich die Höhe des Standpunktes aus den Messungselementen berechnet.

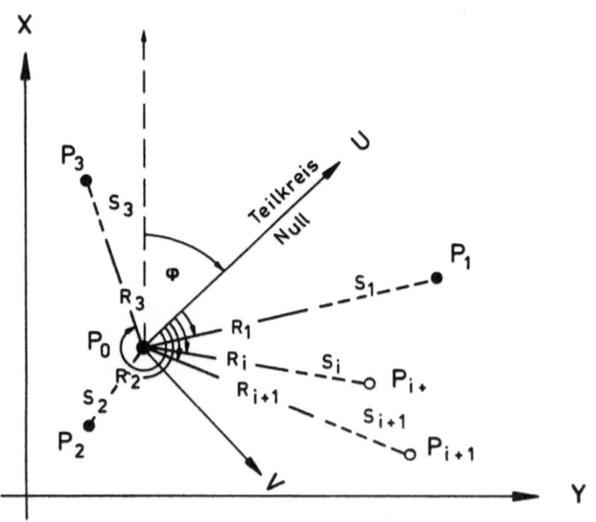

Abb. 23 Freie Stationierung - Standpunktsystem

Gegeben:
- Koordinaten der identischen Punkte $P_1, P_2, ..P_n$ im Zielsystem (X,Y)
- Polarkoordinaten der identischen Punkte im Standpunktsystem (R,S,Z) als Messungselemente
- Polarkoordinaten zu den Objektpunkten P_i als Messungselemente (R_i, S_i, Z_i)

Gegeben:
- Koordinaten und Höhen des Standpunktes und der Objektpunkte

Da das Problem der Freien Stationierung eine Kombination von Polaraufnahme und Helmert-Transformation ist, wird hier auf eine Formelzusammenstellung verzichtet.

Beschreibung der Eingabe-Datenstruktur

Die Datenstruktur des Programms Freie Stationierung gliedert sich in a) den Parameterblock, b) den Block der identischen Punkte im Zielsystem und c) den Block der Messungselemente für die identischen Punkte, dem Standpunkt und der Objektpunkte.

zu a) Im Parameterblock werden nicht bestimmte Parameter zu Null gesetzt.

Dimensionen
I1, A9 ...... (m)
Z9, H9 ...... (Gon) oder (Grad.Min Sek)
P9 .... (mm)

zu b) Ist die Höhe zu einem der Anschlußpunkte im Zielsystem nicht gegeben so wird das entsprechende Datenelement zu Null gesetzt.
Datenabschluß mit -1

zu c) Als Messungselemente sind zu setzen:
P = Punkt-Nr.
R = Richtung in (Gon) oder (Grad. Min Sek)
S = Schrägstrecke oder Horizontalstrecke
Z = Zenitwinkel, bei derHorizontalstrecke ist Z = 100 Gon bzw. 90 Grad zu setzen.
T = Tafelhöhe, wenn I1=T dann wird das Datenelement T = Null gesetzt.

Die Reihenfolge der identischen Punkte muß übereinstimmen !

Die Messungselemente für den Standpunkt, sofern er nicht auch identischer Punkt ist, sind bis auf die Punkt-Nr. zu Null zu setzen.

Mit den Messungselementen für die Objektpunkte wird wie zuvor beschrieben verfahren.
Datenabschluß mit -1.

Eingabe - Datenstruktur **24**

Parameterzeile 1

F1 1 = Grad 2 = Gon	I1 = Instrumentenh.	P9 = ppm [mm]

Parameterzeile 2

Z9 = Zielachsfehler	H9 = Indexfehler	A9 = Additionskon.

Identische Punkte im Zielsystem X, Y, H (Festpunkte)	P_1	Y_1	X_1	H_1	
	⋮	⋮	⋮	⋮	
	P_n	Y_n	X_n	H_n	$n \leq 5$
DATA End	-1				

Identische Punkte im Ausgangssystem R, S (Polarkoordinaten)	P_1	R_1	S_1	Z_1	T_1
	⋮	⋮	⋮	⋮	⋮
	P_n	R_n	S_n	Z_n	T_n
Standpunkt	P_0	0	0	0	0
Objektpunkte	P_i	R_i	S_i	Z_i	T_i
	⋮	⋮	⋮	⋮	⋮
	P_{n1}	R_{n1}	S_{n1}	Z_{n1}	T_{n1}
DATA End	-1				

Programmausdruck:

```
10      !  Freie Stationierung
20      !
30      DIM X(100),Y(100),U(100),V(100),H(100),X2(100),Y2(100)
40      DIM V2(100),V3(100),T1$[50],H0(10)
50      INTEGER P(100)
60      DEG
70      F=1
80      W2=180
90      READ F1,I1,P9           !  Altgrad/Neugrad , Instrumentenh.
100                             !  Atm. Korrektur ppm [mm]/100 M
110     READ Z9,H9,A9           !  Zielachsfehler , Hoehenindexfehl.
120                             !  Additionskonstante
130     GOSUB 830               !  Ueberschrift
140     IF F1=1 THEN 180
150     F=9/10
160     W2=200
170     GOTO 240
180     Z=Z9
190     GOSUB 960
200     Z9=Z
210     Z=H9
220     GOSUB 960
230     H9=Z
240     ! ------------ Lesen der identischen Punkte ---------
250     !                im Ziel-Koordinatensystem
260     FOR I=1 TO 99
270     READ P(I)
280     IF P(I)=-1 THEN 310
290     READ Y(I),X(I),H(I)
300     NEXT I
310     N=I-1
320     ! ---- Identische Punkte der Ausgangs-Koordinaten ---
330     !       und Objektpunkte
340     FOR I=1 TO 99
350     READ P(I+N)
360     IF P(I+N)=-1 THEN 620
370     READ R,S,Z1,T1
380     IF T1=0 THEN T1=I1
390     IF (I=N+1) OR (I=N+2) THEN PRINT
400     PRINT USING 410;P(I+N),R,S,Z1,T1
410     IMAGE 10X,5D,2X,4D.4D,4X,4D.3D,5X,4D.3D,7X,D.2D
420     Z=R*F
430     IF F1=2 THEN 450
440     GOSUB 960
450     R=Z-Z9
460     IF R>=2*W2 THEN R=R-2*W2
470     Z=Z1*F
480     IF F1=2 THEN 500
490     GOSUB 960
500     Z1=Z-H9
510     S1=S+A9+S/100*(P9/1000)
520     E=S1*SIN(Z1)
530     U(I)=E*COS(R)                 ! Koordinaten im lokalen
540     V(I)=E*SIN(R)                 ! System
550     IF I>N THEN 590
```

```
560    IF H(I)=0 THEN 610
570    J=J+1
580    H0(J)=H(I)-S1*COS(Z1)+T1-I1
590    IF (I<=N+1) OR (Z1=100) THEN 610
600    H(I)=E/TAN(Z1)+I1-T1
610    NEXT I
620    N1=I-1
630    M9=0
640    IF J=0 THEN 770
650    FOR I=1 TO J
660    H0=H0+H0(I)
670    NEXT I
680    H0=H0/J
690    FOR I=N+1 TO N1
700    H(I)=H0+H(I)
710    NEXT I
720    IF J=1 THEN 770
730    FOR I=1 TO J
740    V9=V9+(H0(I)-H0)^2
750    NEXT I
760    M9=SQR(V9/(J-1))
770    PRINT USING 780
780    IMAGE 2/
790    GOSUB 1020
800    DISP "PROGRAMMLAUF BEENDET"
810    END
820    ! ------------------------------------------------------------
830    PRINT USING 840;"Freier Standpunkt   -   Meßdaten "
840    IMAGE 10X,K
850    PRINT USING 860
860    IMAGE 10X,55("-"),/
870    PRINT USING 910;"Zielachsfehler .... ";Z9;"Hoehenindex
       fehler . ";H9
880    PRINT USING 910;"Additionskonstante. ";A9;"Instrumente
       nhoehe . ";I1
890    PRINT USING 900;"Maßstabsfaktor  ppm   ";P9;" [mm]"
900    IMAGE 10X,K,3D,K
910    IMAGE 10X,20A, Z.3D,4X,20A,Z.3D
920    PRINT USING 860
930    PRINT USING 940;"Punkt   Richtung     Strecke    Zenitwi
       nkel   Tafelhohe"
940    IMAGE 10X,K,/
950    RETURN
960    Z1=INT(Z)
970    Z2=(Z-Z1)*100
980    Z3=INT(Z2)
990    Z4=(Z2-Z3)*100
1000   Z=Z1+(Z3+Z4/60)/60
1010   RETURN
1020 T1$="Transformationsparameter : "
1030 ! -----------Berechnung des Schwerpunktes ------------
1040 X0=Y0=U0=V0=0
1050 FOR I=1 TO N
1060 X0=X0+X(I)
1070 Y0=Y0+Y(I)
1080 U0=U0+U(I)
```

```
1090 VO=VO+V(I)
1100 NEXT I
1110 XO=XO/N
1120 YO=YO/N
1130 UO=UO/N
1140 VO=VO/N
1150 ! ------ Berechnung der Transformationsparameter -----
1160 S1=S2=S3=S4=S5=0
1170 FOR I=1 TO N
1180 X1=X(I)-XO
1190 Y1=Y(I)-YO
1200 U1=U(I)-UO
1210 V1=V(I)-VO
1220 S1=S1+U1*X1
1230 S2=S2+V1*Y1
1240 S3=S3+V1^2+U1^2
1250 S4=S4+U1*Y1
1260 S5=S5+V1*X1
1270 NEXT I
1280 A1=(S1+S2)/S3
1290 B1=(S4-S5)/S3
1300 AO=XO-A1*UO+B1*VO
1310 BO=YO-B1*UO-A1*VO
1320 M=SQR(A1*A1+B1*B1)
1330 A=ATN(B1/A1)/F
1340 IF A<O THEN A=A+2*W2
1350 ! ----------------- Transformation -----------------
1360 FOR I=1 TO N1
1370 X2(I)=AO+A1*U(I)-B1*V(I)
1380 Y2(I)=BO+B1*U(I)+A1*V(I)
1390 NEXT I
1400 ! --------------- Fehlerrechnung ------------------
1410 V1=0
1420 FOR I=1 TO N
1430 V2(I)=Y(I)-Y2(I)
1440 V3(I)=X(I)-X2(I)
1450 V1=V1+V2(I)^2+V3(I)^2
1460 NEXT I
1470 IO=2*N-4
1480 IF IO=0 THEN 1720
1490 R1=SQR(V1/(N-2))
1500 ! -------------- Ergebnisausgabe --------------------
1510 PRINT USING 1520;"Ergebnis - Ausgabe    Freier Standp
     unkt ",P(2*N+1)
1520 IMAGE 10X,K,5D
1530 PRINT USING 1540
1540 IMAGE 8X,62("-")
1550 PRINT USING 1640;T1$,"AO = ",AO,"BO = ",BO
1560 PRINT USING 1650;"A1 = ",A1,"B1 = ",B1
1570 PRINT USING 1660;"Mittlerer Punktfehler    ",R1," [m]"
1580 PRINT USING 1660;"Mittlerer Hoehenfehler   ",M9," [m]"
1590 PRINT USING 1670;"Freiheitsgrad",IO,"Maßstabsfaktor",M
1600  IF F1=1 THEN 1630
1610 PRINT USING 1680;"Drehwinkel ";A,"[gon]"
1620  GOTO 1690
1630 PRINT USING 1680;"Drehwinkel ";A,"[grad, dez]"
1640  IMAGE 8X,27A,5A,6D.4D,2X,5A,6D.4D
1650  IMAGE 35X,5A,6D.4D,2X,5A,6D.4D
```

```
1660  IMAGE 8X,25A,2D.3D,4A
1670  IMAGE 8 X,13A,5D,10X,15A,2D.9D
1680  IMAGE 8X,13A,5D.4D,X,11A
1690 PRINT USING 1540
1700 PRINT USING 1710;"Lokales -System","Landes.-System","R
     estklaffungen"
1710  IMAGE 17X,K,8X,K,2X,K
1720 PRINT USING 1730;"Pkt.Nr. V(Rechts)  U(Hoch)","Y(Rech
     ts)   X(Hoch)","DY Hoehe DX"
1730  IMAGE  8X,K,3X,K,3X,K,/
1740 FOR I=1 TO N
1750 PRINT USING 1760;P(I),Y(I),X(I),H(I)
1760 IMAGE  8X,5D,24X,2(5D.3D, X),2X,4D.3D
1770 NEXT I
1780 PRINT
1790 FOR I=1 TO N
1800 PRINT USING 1810;P(I),V(I),U(I),Y2(I),X2(I),V2(I),V3(I)
1810 IMAGE  8X,5D,2X,2(5D.3D,X),2X,2(5D.3D,X),2(2D.3D,X)
1820 NEXT I
1830  PRINT USING 1540
1840 N2=N+1
1850  FOR I=N2 TO N1
1860  PRINT USING 1870;P(I+N),V(I),U(I),Y2(I),X2(I),H(I)
1870 IMAGE  8X,5D,2X,2(5D.3D,X),2X,2(5D.3D,X),2X,4D.3D
1880  IF I<>N2 THEN 1920
1890  PRINT USING 1540
1900  PRINT TAB(9),"Objektpunkte"
1910  PRINT
1920  NEXT I
1930  RETURN
1940  ! ------------------- DATEN 1 -----------------------
1950  DATA 2,1.520,3
1960  DATA 0,0.0000,0.000
1970  DATA 10,9244.150,4318.170,63.956
1980  DATA 11,9197.569,4309.987,0
1990  DATA 12,9201.804,4266.309,66.212
2000  DATA -1
2010  DATA 10,3.1500,55.627, 98.563,0
2020  DATA 11,354.7840,68.150,102.463,0
2030  DATA 12,311.0790,44.990, 95.021,0
2040  DATA 100,0,0,0 ,0
2050  DATA 1011,254.300,90.0,98.420,0
2060  DATA 1012,189.2356,78.33,101.312,1.64
2070  DATA 1015,112.5689,66.158,103.468,0
2080  DATA -1
```

Berechnungsbeispiel:

Freier Standpunkt - Meßdaten

Zielachsfehler .... 0.000 Hoehenindexfehler . 0.000
Additionskonstante. 0.000 Instrumentenhoehe . 1.520
Maßstabsfaktor ppm 3 [mm]

Punkt	Richtung	Strecke	Zenitwinkel	Tafelhoehe
10	3.1500	55.627	98.563	1.52
11	354.7840	68.150	102.463	1.52
12	311.0790	44.990	95.021	1.52
100	0.0000	0.000	0.000	1.52
1011	254.3000	90.000	98.420	1.52
1012	189.2356	78.330	101.312	1.64
1015	112.5689	66.158	103.468	1.52

Ergebnis - Ausgabe Freier Standpunkt 100

Transformationsparameter : A0 = 4262.6197 B0 = 9246.4921
A1 = .9956 B1 = -.0913
Mittlerer Punktfehler .020 [m]
Mittlerer Hoehenfehler .003 [m]
Freiheitsgrad 2 Maßstabsfaktor .999820273
Drehwinkel 394.1765 [gon]

	Lokales -System		Landes.-System		Restklaffungen	
Pkt.Nr.	V(Rechts)	U(Hoch)	Y(Rechts)	X(Hoch)	DY Hoehe	DX
10			9244.150	4318.170	63.956	
11			9197.569	4309.987	0.000	
12			9201.804	4266.309	66.212	
10	2.751	55.546	9244.158	4318.175	-.008	-.005
11	-44.404	51.634	9197.566	4309.973	.003	.014
12	-44.176	7.767	9201.799	4266.318	.005	-.009
100	0.000	0.000	9246.492	4262.620	62.699	
Objektpunkte						
1011	-67.771	-59.183	9184.422	4197.505	64.932	
1012	13.179	-77.199	9266.665	4186.961	60.964	
1015	64.778	-12.958	9312.172	4255.634	59.096	

25 Kreisbogenabsteckung

Zur Absteckung eines Kreisbogens werden die Orthogonalkoordinaten der Kreispunkte bezogen auf die Tangente T, die Sehne AE oder die Polarkoordinaten im Bogenanfangspunkt A oder im Bogenendpunkt E benötigt.

Die Berechnung der Absteckelemente erfolgt über gleiche Bogenlängen "b" . Für den Bogenanfangspunkt A kann für die Stationierung oder Kilometrierung jeder beliebige Wert gewählt werden.

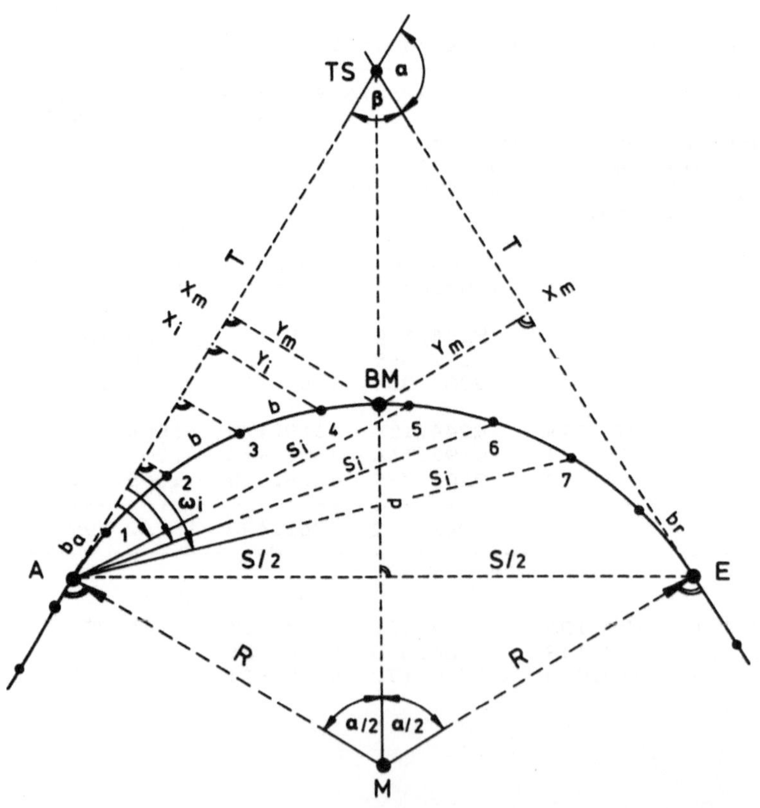

Abb. 24 Kreisbogenabsteckung mit gleichen Bogenlängen.

Gegeben : Kreisradius R ; Zentriwinkel α in Gon
Stationierung im Bogenanfang
Kleinbogenlänge b

Gesucht: Absteckelemente der Kreispunkte
1. Orthogonal von der Tangente Y_i ; X_i
2. Orthogonal von der Sehne Y_i ; X_i
3. Polar vom Bogenanfangs- oder Bogenendpunkt ω_i S_i

Dateneingabe:

Die Dateneingabe für Projektbezeichnung, Kreisradius, Zentriwinkel, Stationierungsanfang und Kleinbogenlänge erfolgt über den Programmbefehl " INPUT".
Es folgt dann eine Abfrage nach der Berechnungsart, hier wird die Eingabe des Steuerparameters für die Berechnungsart der Absteckelemente 1, 2 oder 3 erwartet. Am Ende der Berechnung erfolgt eine Abfrage auf andere Wahl der Berechnungsart, neue Ausgangsdaten oder Beendigung des Programms.

Formelzusammenstellung

Tangente $T = R \cdot \tan(\alpha/2)$ (1)

Sehne $S = 2R \cdot \sin(\alpha/2)$ (2)

Gesamtbogen $B = \alpha/Rho \cdot R$ (3)

$Rho = 200/ Pi = 63.661977$

1. Orthogonalkoordinaten von den Tangenten

$$\alpha_i = b_i / R \cdot Rho \quad (4)$$

$$Y_i = (1 - \cos(\alpha_i)) \cdot R \quad (5)$$

$$X_i = \sin(\alpha_i) \cdot R \quad (6)$$

mit der Bogenlänge $b_i = b_a + n \cdot b$

2. Orthogonalkoordinaten von der Sehne

Zur Berechnung der Absteckelemente von der Sehne denkt man sich eine Parallele zur Sehne S durch die Bogenmitte BM und berechnet die Y_i und X_i von der Bogenmitte aus nach den Formeln (4),(5) und (6).
Durch Subtrahieren bzw. Addieren von $Y_m - Y_i$ und $S/2 \pm X_i$ erhält man die Absteckelemente auf die Sehne bezogen.

$$Y_m = (1 - \cos(\alpha/2)) \cdot R = p \tag{7}$$

$$X_m = \sin(\alpha/2) \cdot R = S/2 \tag{8}$$

3. Polarkoordinaten vom Bogenanfang oder Bogenende

$$\omega_i = b_i / 2R \cdot Rho \tag{9}$$

$$S_i = 2R \cdot \sin(\omega_i) \tag{10}$$

mit der Bogenlänge b_i

$$b_1 = b_a$$

$$b_2 = b_a + b$$

$$\vdots \qquad \vdots$$

$$b_i = b_a + n.b$$

Programmausdruck:

```
100  ! --------------------------------------------------------
110  ! Berechnung von Daten für die Kreisbogenabsteckung
120  !
130  ! Berechnungsart     1 =  Absteckung von der Tangente
140  !                    2 =  Absteckung von der Sehne
150  !                    3 =  Absteckung nach der Umfangs-
160  !                         winkelmethode
170  ! --------------------------------------------------------
180  DIM X(100),Y(100)
190  SHORT K1(100)                              ! Stationierung
200  DIM A$[80],B$[80],C$(100)[20],T1$[25]
210  INTEGER Z1,Z2,Q
220  GRAD
230  RO=200/PI
240  C1$="Bogenanfang"
250  C$="          "
260  C2$="Bogenmitte"
270  C3$="Bogenende"
280   !
290  INPUT " Projektname: ",A$
300  INPUT " Radius,  Zentriewinkel ",R,A
310  INPUT " Stationsanf. , Kleinbogenlaenge ",K1(1),K2
320  !
330  ! ---------- Berechn. von Tangente u. Bogen -----------
340  T=R*TAN(A/2)
350  B=A/RO*R
360  BO=B/2
370  N=INT(B/K2)
380  N=N+3
390  IF K1(1) MOD K2=0 THEN 450
400  S1=K1(1)/K2
410  AO=INT(S1)*K2
420  K1(2)=K2+AO
430  G=3
440  GOTO 460
450  G=2
460  M=G
470  FOR I=G TO N
480  K1(I)=K1(I-1)+K2
490  IF K1(I)>=BO+K1(1)  THEN 520
500  M=M+1
510  NEXT I
520  K1(M)=BO+K1(1)
530  K1(M+1)=K1(M-1)+K2
540  IF K1(M)<>K1(M+1)  THEN 580
550  N=N-1
560  G=M
570  GOTO 590
580  G=M+2
590  M1=M                       ! M1 wird bei Sehne: gebraucht
600  FOR I=G TO N
610   K1(I)=K1(I-1)+K2
620  IF K1(I)>B+K1(1)  THEN 640
630  NEXT I
640  IF K1(I)=B+K1(1)  THEN N=N-1
650  K1(N)=B+K1(1)
```

```
660  !
670  T1$=" Orthogonalkoordinaten"
680  T2$="        X"
690  T3$="     Y"
700  BEEP
710  INPUT "Absteckungart ",E0
720  ON E0 GOTO 750,950,1190
730  !
740  ! ------- Absteckelemente von der Tangente -----------
750  B$="Orthogonal-Absteckelemente von der Tangente"
760  M=0
770  FOR I=1 TO N
780  A1=(K1(I)-K1(1))/R*R0
790  X(I)=R*SIN(A1)
800  Y(I)=R*(1-COS(A1))
810  M=M+1
820  IF B0+K1(1)<=K1(I) THEN 840
830  NEXT I
840  G=M
850  FOR I=G TO N
860  A1=(K1(N)-K1(I))/R*R0
870  X(I)=R*SIN(A1)
880  Y(I)=R*(1-COS(A1))
890  NEXT I
900  GOSUB 1440
910  GOSUB 1670
920  GOTO 1810
930  !
940  ! ----------- Absteckelemente von der Sehne -----------
950  B$="Orthogonal-Absteckelemente von der Sehne"
960  G=2
970  A1=B0/R*R0
980  X(M1)=R*SIN(A1)
990  Y(M1)=R*(1-COS(A1))
1000 X(1)=0
1010 Y(1)=0
1020 FOR I=G TO M1-1
1030 A1=(K1(M1)-K1(I))/R*R0
1040 X(I)=X(M1)-R*SIN(A1)
1050 Y(I)=Y(M1)-R*(1-COS(A1))
1060 NEXT I
1070 G=I+1
1080 FOR I=G TO N
1090 A1=(K1(I)-K1(M1))/R*R0
1100 X(I)=X(M1)+R*SIN(A1)
1110 Y(I)=Y(M1)-R*(1-COS(A1))
1120 NEXT I
1130 GOSUB 1440
1140 GOSUB 1670
1150 GOTO 1810
1160 !
1170 ! ------ Absteckelemente vom Bogenhauptpunkt ----------
1180 !
1190 B$="Polar-Absteckelemente vom Bogenanfang "
1200  F1=0
```

```
1210 X(1)=0                          ! Y(I) = Umfangswinkel  Omega
1220 Y(1)=0                          ! X(I) = Sehne  S
1230 FOR I=2 TO N
1240 X(I)=(K1(I)-K1(1))/(2*R)*RO
1250 Y(I)=2*R*SIN(X(I))
1260 NEXT I
1270 F1=F1+1
1280 GOTO 1350
1290 B$="Polar-Absteckelemente vom Bogenende "
1300 FOR I=N TO 1 STEP -1
1310 X(I)=(K1(I)-K1(N))/(2*R)*RO+400
1320 Y(I)=ABS(2*R*SIN(X(I)))
1330 NEXT I
1340 F1=F1+1
1350 T1$="    Polarkoordinaten    "
1360 T2$=" Omega [gon]"
1370 T3$="   Sehne "
1380 GOSUB 1440
1390 GOSUB 1670
1400 GOTO 1810
1410 !
1420 ! ------------ Ausdrucken der Ergebnisse --------------
1430 !
1440  IF F1=2 THEN 1620
1450 PRINT TAB(13);A$
1460 PRINT TAB(13);B$
1470 PRINT USING 1590
1480 PRINT USING 1490;"Radius",R,"m","Tangentenlänge",T,"m"
1490 IMAGE 12X,15A,5D.2D,3X,A,5X,14A,5D.3D,X,A
1500 PRINT USING 1510;"Zentriewinkel",A,"gon","Bogenlaenge",B
1510 IMAGE 12X,15A,,4D.4D,X,3A,4X,14A,5D.3D," m"
1520 PRINT
1530 !
1540 PRINT USING 1560;"Pkt.    Bogen -";T1$;"Bezeichnung"
1550 PRINT USING 1570;"Nr.     Station    ";T2$;T3$
1560 IMAGE 12X,15A,3X,23A,5X,11A
1570 IMAGE 12X,18A,12A,3X,11A
1580 PRINT USING 1590
1590 IMAGE 12X,57("-")
1600 PRINT
1610  GOTO 1660
1620  PRINT
1630  PRINT TAB(12);B$
1640  PRINT USING 1590
1650  PRINT
1660 RETURN
1670 ! ------------------------------------------------------
1680 Z2=0
1690 C$=C1$
1700 FOR I=1 TO N
1710 IF I=M1 THEN C$=C2$
1720 IF I=N THEN C$=C3$
1730 PRINT USING 1740;I,K1(I),X(I),Y(I),C$
1740 IMAGE 12X,DD,3(3X,5DZ.3D),5X,20A
1750 C$="     .    "
1760 Z2=Z2+1
```

```
1770 IF Z2 MOD 3<>0 THEN 1790
1780 PRINT
1790 NEXT I
1800 RETURN
1810 ! -------------------- Ende ------------------------
1820 IF F1=1 THEN 1290
1830 INPUT "Andere Absteckungsart ?   J/N ",K$
1840 IF K$="J" THEN 670
1850 INPUT "Neue Berechnung mit anderen Daten ?  J/N  ",K$
1860 IF K$="J" THEN 300
1870 BEEP
1880 DISP "  PROGRAMMLAUF BEENDET  "
1890 END
```

Berechnungsbeispiel:

BS 3/82
Orthogonal-Absteckelemente von der Tangente

Radius	400.00 m	Tangentenlänge	97.694 m
Zentriewinkel	30.5000 gon	Bogenlaenge	191.637 m

Pkt. Nr.	Bogen - Station	Orthogonalkoordinaten X	Y	Bezeichnung
1	155.250	0.000	0.000	Bogenanfang
2	160.000	4.750	0.028	.
3	180.000	24.734	0.765	.
4	200.000	44.657	2.501	.
5	220.000	64.468	5.229	.
6	240.000	84.117	8.945	.
7	251.069	94.904	11.422	Bogenmitte
8	260.000	86.205	9.400	.
9	280.000	66.576	5.579	.
10	300.000	46.780	2.745	.
11	320.000	26.867	0.903	.
12	346.887	0.000	0.000	Bogenende

BS 3/82
Orthogonal-Absteckelemente von der Sehne

Radius	400.00 m	Tangentenlänge	97.694 m
Zentriewinkel	30.5000 gon	Bogenlaenge	191.637 m

Pkt. Nr.	Bogen - Station	Orthogonalkoordinaten X	Y	Bezeichnung
1	155.250	0.000	0.000	Bogenanfang
2	160.000	4.621	1.099	.
3	180.000	24.209	5.125	.
4	200.000	43.974	8.166	.
5	220.000	63.867	10.216	.
6	240.000	83.837	11.269	.
7	251.069	94.905	11.422	Bogenmitte
8	260.000	103.835	11.322	.
9	280.000	123.811	10.376	.
10	300.000	143.714	8.433	.
11	320.000	163.495	5.497	.
12	346.887	189.809	0.000	Bogenende

BS 3/82
Polar-Absteckelemente vom Bogenanfang

Radius	400.00 m	Tangentenlänge	97.694 m
Zentriewinkel	30.5000 gon	Bogenlaenge	191.637 m

Pkt. Nr.	Bogen - Station	Polarkoordinaten Omega [gon]	Sehne	Bezeichnung
1	155.250	0.000	0.000	Bogenanfang
2	160.000	0.378	4.750	.
3	180.000	1.970	24.746	.
4	200.000	3.561	44.727	.
5	220.000	5.153	64.679	.
6	240.000	6.744	84.592	.
7	251.069	7.625	95.590	Bogenmitte
8	260.000	8.336	104.451	.
9	280.000	9.927	124.245	.
10	300.000	11.519	143.961	.
11	320.000	13.110	163.588	.
12	346.887	15.250	189.809	Bogenende

Polar-Absteckelemente vom Bogenende

Pkt. Nr.	Bogen - Station	Omega [gon]	Sehne	Bezeichnung
1	155.250	384.750	189.809	Bogenanfang
2	160.000	385.128	185.192	.
3	180.000	386.720	165.679	.
4	200.000	388.311	146.063	.
5	220.000	389.903	126.356	.
6	240.000	391.494	106.569	.
7	251.069	392.375	95.589	Bogenmitte
8	260.000	393.086	86.716	.
9	280.000	394.677	66.809	.
10	300.000	396.269	46.860	.
11	320.000	397.860	26.882	.
12	346.887	400.000	0.000	Bogenende

26 Punkt-Plottroutine

Vielfach ist eine erste graphische Darstellung der berechneten Daten als Punkt-Skizze zur Kontrolle und Übersicht vor einer weiteren Bearbeitung der Daten sinnvoll.
Werden nicht zu hohe Genauigkeiten an die Maßstäblichkeit gestellt, so läßt sich mit einem Line-Printer eine brauchbare maßstäbliche Punkt-Skizze erzeugen. An den Line-Printer werden außer der Möglichkeit, 130 Zeichen auf eine Zeilenbreite von 80 Zeichen zu komprimieren, 18 Linien pro Inch zu drucken und eine Line-Feed-Unterdrückung zu realisieren, keine weiteren Anforderungen gestellt.

Die in der Plott-Routine verwendeten Systembefehle für einen HP-75 C Rechner in Verbindung mit einem HP-Drucker vom Typ Epson MX 80 F sind im Ausdruck unterstrichen und müssen auf die entsprechende Systemkonfiguration umgestellt werden.

Die Plott-Routine kann alle Koordinatenergebnisse der vorhergehenden Programme verarbeiten. Dabei ist es sinnvoll, in den entsprechenden Programmen die Punkt-Nr. und die Koordinaten in ein Daten-File zu schreiben, das von der Plott-Routine gelesen werden kann.

Die aktive Zeichenfläche beträgt 190x190 mm und wird wahlweise durch die Koordinaten der unteren linken Ecke der Zeichenfläche und der Maßstabszahl oder durch die Koordinaten der unteren linken und oberen rechten Ecke der Zeichenfläche über die INPUT-Anweisung festgelegt. Im zweiten Fall wird die Maßstabszahl berechnet.

Im Beispiel stehen die Daten in DATA-Form am Ende des Programms. Die erste DATA-Zeile ist eine Textzeile mit max. 45 Zeichen, die weiteren Zeilen beinhalten die Punkt.-Nr. und die Koordinatenpaare der einzelnen Punkte. Als Datenabschluß ist -1,-1,-1 zu setzen.

Die Plott-Zeit beträgt ca. 7 - 10 Minuten je nach Anzahl der zu zeichnenden Punkte.

```
Tachymeteraufnahme Borde Seco  15.5.82          Maszstabsfaktor  1:   1500.000
Rechtswert   820                                                          Rechtswert  1105
Hochwert     2245                                                         Hochwert    2245

        . 3
                                                                    . 114
                  . ·134 133                                   . 115
                            . 130
                           . 131                                 . 113
                                  . 127        . 117       . 112
                                       . 2 118  · 111
                                   . 119             . 109
                                      . 128
                                     . 120
                                       . 121 . 124
                                                . 107
                                        . 122
                                           . 106
                                               . 105
                                        . 123· 104

                                           . 102

                . 5

                                         . 1. 101

Rechtswert   820                                                          Rechtswert  1105
Hochwert     1960                                                         Hochwert    1960
```

Programmausdruck:

```
10 ! Punkt-Plottroutine
20 ! Maszstab-Steuerparameter     K=1 ..... Maszstab
30 !                              K=2 ..... Obere Blattecke
40 ! ----------------------------------------------------------
50 PWIDTH 130                                   Druckbreite 130 Zeichen
60 PRINT CHR$(27)&"&k2S"                        Schmalschrift
70 PRINT CHR$(27)&"&l 6D"                       6 Linien pro Inch
80 DIM X(4),Y(4),U(101),V(101),A$[50]
90 INTEGER P(4),Y2(101),X2(101),P2(101)
100 INPUT "Untere linke Blattecke  Y1,X1  ";V(1),U(1)
110 V(4)=V(1) @ U(3)=U(1)
120 INPUT "Maszstab-Steuerparameter  ";K
130 ON K GOTO 140,190
140 INPUT "Maszstabszahl  ";M
150 D1=.19*M
160 V(3)=V(1)+D1 @ U(4)=U(1)+D1
170 V(2)=V(3) @ U(2)=U(4)
180 GOTO 220
190 INPUT "Obere rechte Blattecke  Y2,X2  ";V(2),U(2)
200 V(3)=V(2) @ U(3)=U(1)
210 V(4)=V(1) @ U(4)=U(2)
220 Y(1)=0 @ X(1)=0 @ Y(2)=129 @ X(2)=129
230 Y(3)=130 @ X(3)=0 @ Y(4)=0 @ X(4)=129
240 READ A$
250 FOR I=5 TO 99
260 READ P2(I),V(I),U(I)
270 IF P2(I)=-1 THEN 290
280 NEXT I
290 N1=I-1
300 F=137/129
310 X0,Y0,U0,V0=0
320 FOR I=1 TO 4
330 X0=X0+X(I) @ Y0=Y0+Y(I)
340 U0=U0+U(I) @ V0=V0+V(I)
350 NEXT I
360 X0=X0/4 @ Y0=Y0/4
370 U0=U0/4 @ V0=V0/4
380 S1,S2,S3,S4,S5=0
390 FOR I=1 TO 4
400 X1=X(I)-X0 @ Y1=Y(I)-Y0
410 U1=U(I)-U0 @ V1=V(I)-V0
420 S1=S1+U1*X1 @ S2=S2+V1*Y1
430 S3=S3+V1^2+U1^2
440 S4=S4+U1*Y1 @ S5=S5+V1*X1
450 NEXT I
460 A1=(S1+S2)/S3 @ B1=(S4+S5)/S3
470 A0=X0-A1*U0+B1*V0
480 B0=Y0-B1*U0-A1*V0
490 M=SQR(A1*A1+B1*B1)
500 FOR I=1 TO N1
510 X2(I)=(A0+A1*U(I)-B1*V(I))*F
520 Y2(I)=B0+B1*U(I)+A1*V(I)
530 NEXT I
540 M=(V(2)-V(1))/.19
550 PRINT USING 560 ; A$,"Maszstabsfaktor  1:";M
```

```
560 IMAGE 50a,3x,20a,6d.3d
570 PRINT USING 590 ; "Rechtswert ";V(4);"Rechtswert ";V(2)
580 PRINT USING 590 ; "Hochwert   ";U(4);"Hochwert   ";U(2)
590 IMAGE 11a,6d,95x,11a,6d
600 PRINT CHR$(27)&"&l18D"                    18 Linien pro Inch
610 PRINT USING 620
620 IMAGE 129(".")
630 K=5
640 FOR I=134 TO 2 STEP -1
650 FOR J=K TO N1
660 IF X2(J)=I AND Y2(J)<129 THEN 690
670 NEXT J
680 GOTO 730
690 ENDLINE CHR$(13)                          Line - Feed Unterdrückung
700 PRINT TAB(1);".";TAB(Y2(J));". ";P2(J);TAB(129);"."
710 K=J+1
720 GOTO 650
730 ENDLINE                                   Normaler Vorschub
740 PRINT TAB(1);".";TAB(129);"."
750 K=5
760 NEXT I
770 PRINT USING 620
780 PRINT CHR$(27)&"&l6D"
790 PRINT USING 590 ; "Rechtswert ";V(1);"Rechtswert ";V(3)
800 PRINT USING 590 ; "Hochwert   ";U(1);"Hochwert   ";U(3)
810 PRINT CHR$(27)&"&k0S"                     Normalschrift
820 PWIDTH 80 @ STOP                          Druckbreite 80 Zeichen
830 ! -------------------- Daten ----------------------
840 DATA "Tachymeteraufnahme Borde Seco  15.5.82"
850 DATA 1,1000,2000
860 DATA 2,1000,2160.3
870 DATA 3,889.2,2214.1
880 DATA 4,856.78,2098.28
890 DATA 5,909.81,2027.79
900 DATA 101,1009.3,2000.5
910 DATA 102,1009.9,2056.7
920 DATA 104,1011.7,2090.2
930 DATA 105,1013.9,2102.6
940 DATA 107,1021.4,2129.1
950 DATA 106,1007.6,2120
960 DATA 109,1032.9,2154
970 DATA 111,1027,2163.3
980 DATA 112,1041.8,2169.1
990 DATA 113,1047.8,2177.1
1000 DATA 114,1063.3,2196.3
1010 DATA 115,1043,2189.6
1020 DATA 116,1236.2,2288
1030 DATA 117,1018.8,2167.6
1040 DATA 118,1007,2161.8
1050 DATA 119,984.18,2157.4
1060 DATA 120,991.63,2146.6
1070 DATA 121,996.46,2136.1
1080 DATA 122,997.82,2122.6
1090 DATA 123,999.23,2088.3
1100 DATA 124,1013.8,2135.4
1110 DATA 127,982.68,2167.5
1120 DATA 128,996,2150
1130 DATA 130,963.14,2180.6
1140 DATA 131,961.28,2176.7
1150 DATA 133,929.8,2192.7
1160 DATA 134,925,2190
1170 DATA -1,-1,-1
```

Literaturverzeichnis

(1) Großmann, W. ; Kahmen, H. Vermessungskunde II, Sammlung Göschen 1983

(2) Großmann, W. Grundzüge der Ausgleichsrechnung Springer-Verlag 1968

(3) Bronstein und Semendjajew Taschenbuch der Mathematik Verlag Harri Deutsch

(4) Deutscher Verein für Vermessungswesen Landesverein Baden-Württemberg e.V. Sonderheft: Freie Stationierung 1984

Abbildungen